南亚华

北京大学第一医院著名儿童保健专家
中央电视台少儿频道特约主讲

她是一位拥有近30年临床实践和育儿经验的儿童保健专家，也是一位喜爱宝宝的奶奶。在她的职业生涯里，以特有的亲和力，让几十万宝宝得到细心的呵护。

她还是中央电视台少儿频道特约主讲，多次参加育儿节目的录制，并在各相关报刊发表儿童保健科普文章近百篇。

她的微博起名为“南大夫快乐育儿日记”，微博宣言是“爱我的工作，也爱所有的宝宝们，感谢他们带给我无尽的快乐！”“快乐育儿”是她的理念，期待新妈妈新爸爸们在她的指导下，不再为辅食添加头疼，享受宝宝健康成长的每一天。

微博
http://blog.sina.com.cn/nanyahua

温馨提示

本书中所提及的花生、玉米、豌豆、绿豆、黄豆、莲子、红枣、丸子等颗粒状食物，一定要煮烂并捣碎后给宝宝食用，以免误吸入气管，引起窒息。

汉竹 ● 亲亲乐读系列

宝宝辅食王中王

南亚华 / 主审

汉竹图书微博
http://weibo.com/hanzhutushu

读者热线
400-010-8811

江苏凤凰科学技术出版社
全国百佳图书出版单位

前言
Preface

眼看着要给宝宝添加辅食了，可是我一点头绪都没有！
宝宝刚添加辅食，怎么添加才够科学？心里真是没底！
宝宝生病了，吃什么好？
医生说宝宝缺钙，怎么食补？
……

新手妈妈面对这些问题是不是愁坏了？本书不仅能给你想要的答案，还能给你更大的惊喜！

这是一本从宝宝4个月至1岁超细月龄划分的辅食书，240多道辅食由营养专家特别制订，新手妈妈很快就可以从“厨房菜鸟”晋升为“辅食达人”。每个月的辅食包括“新加的饭饭”和“以往辅食翻新做”两部分：“新加的饭饭”按月列出可以新添加的辅食，让妈妈们跟随宝宝的成长直接添加，无需再次费心选择；“以往辅食翻新做”指导妈妈们换着花样为宝宝制作更多口味的辅食。

书中每道辅食都有“主要营养素”“功效”两个版块，清楚地介绍对宝宝有哪些具体的好处，让妈妈们做起来更有底气！“小餐椅的叮咛”告诉妈妈们制作辅食时的注意事项。贴心的“功能食谱”让宝宝获取足够营养。“小毛病食谱”让宝宝尽可能在不打针不吃药的情况下恢复健康。

这也是一本很有爱的辅食书，多彩的颜色，可爱的杯子、小碗、勺子，再搭配上漂亮的辅食，你不禁会惊叹：只有用爱做出的辅食才能如此诱人！没错，这本书和你一样关爱宝宝，与你一起陪伴宝宝健康成长！

春季宝贝餐

❤青菜水/34

❤小米玉米渣汤/48

❤红薯红枣蛋黄泥/53

❤南瓜羹/61

❤西红柿鸡肝泥/62

❤鸡汤南瓜泥/64

❤香蕉蛋黄糊/65

❤苹果米汤/66

❤大米菠菜汤/69

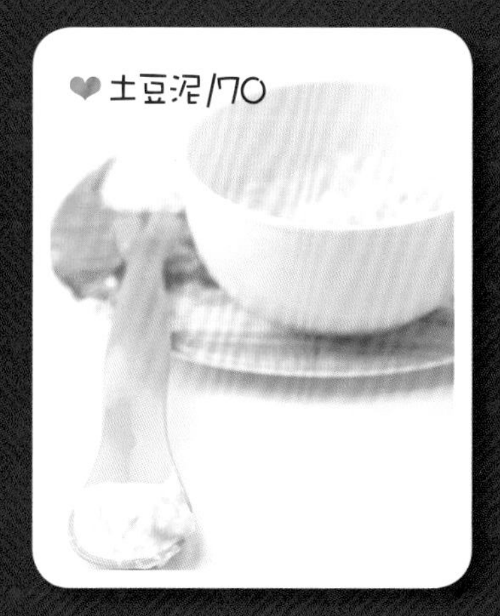
土豆泥/70

蛋黄鱼泥羹/71

苋菜汁/72

胡萝卜粥/88

青菜玉米糊/100
MICKEY MOUSE
CLUBHOUSE

南瓜牛肉汤/105

土豆粥/140

什锦蔬菜粥/170

什锦水果粥/171

夏季宝贝餐

秋季宝贝餐

冬季宝贝餐

鱼肉泥/60

疙瘩汤/81

红薯红枣粥/82

大米香菇鸡丝汤/83

大米蛋黄粥/86

百宝豆腐羹/112

黄豆芝麻粥/118

虾仁豆腐/128

鲜虾粥/129

牛肉河粉/142

鳝鱼粥/157

核桃燕麦豆浆/169

肉松三明治/172

蛋包饭/177

鱼香肉末炒面/178

肉末炒黑木耳/182

莲藕薏米排骨汤/231

胡萝卜牛肉汤/237

目录

Contents

第一章
辅食添加，妈妈很关心的20个问题

第二章 4个月，从含铁婴儿米粉开始

新加的饭饭

第三章 5个月，添加米糊、蛋黄

新加的饭饭

以往辅食翻新做

第四章 6个月，能吃鱼泥了

新加的饭饭

以往辅食翻新做

第五章 7个月，尝尝烂面条

新加的饭饭

以往辅食翻新做

第六章 8个月，能喝肉汤了

新加的饭饭

以往辅食翻新做

第七章 9个月，开始吃虾啦

新加的饭饭

以往辅食翻新做

第八章
10个月，能吃软米饭了

新加的饭饭

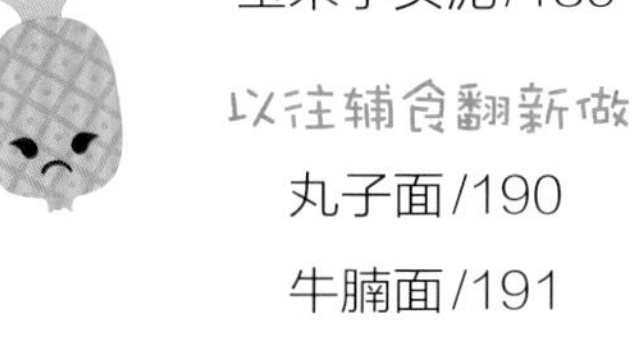

以往辅食翻新做

第九章
11个月，能吃颗粒食物了

新加的饭饭

以往辅食翻新做

第十章
1岁了，能吃蒸全蛋了

新加的饭饭

以往辅食翻新做

第十一章 1岁以后，试试像大人一样吃饭

新加的饭饭

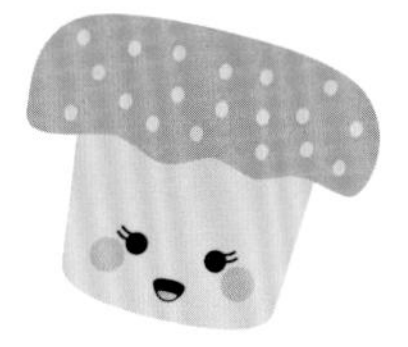

第十二章 功能食谱，宝宝怎么吃

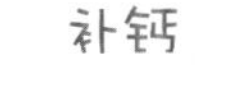

补钙

补铁

补锌

益智健脑

开胃消食

明目

浓密头发

保护牙齿

第十三章 小毛病，宝宝怎么吃

宝宝辅食
王中王

第一章
辅食添加，妈妈很关心的20个问题

新手妈妈给宝宝添加辅食的初期，会有各种的问题：4个月开始添加，还是6个月开始添加？添加的顺序是什么？制作辅食有哪些注意事项……本章将针对妈妈们关心的这些问题逐一做出解答，让妈妈们对辅食添加不再疑惑，胸有成竹地做好每一餐。

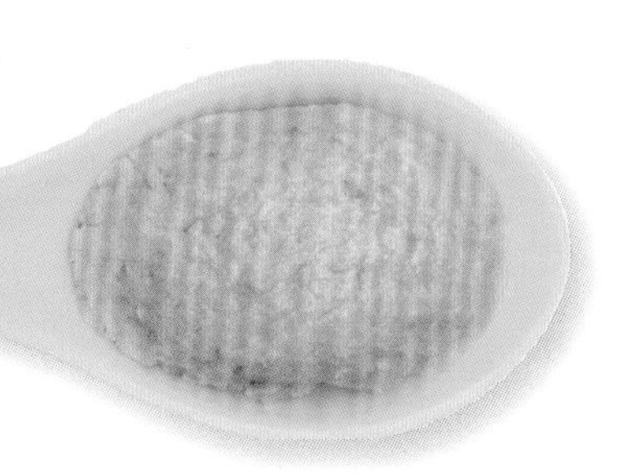

第一次喂食时注意不要把软勺伸进宝宝口腔后部，也不要用软勺压住宝宝舌头，避免引起宝宝反感。

1.4个月开始添加辅食，还是6个月？

随着宝宝慢慢长大，爸爸妈妈就会惊喜地发现：大人吃饭时，宝宝会专注地盯着看，口水直流，还直咂嘴，偶尔还会伸手去抓大人送往嘴里的菜；陪宝宝玩的时候，宝宝会时不时把玩具放到嘴巴里，口水把玩具弄得湿湿的。看到宝宝的这些“小信号”，爸爸妈妈既激动又忐忑：是不是该给宝宝添加辅食了？

世界卫生组织的最新婴儿喂养报告提倡：前6个月纯母乳喂养，6个月以后在母乳喂养的基础上添加辅食。一般来说，纯母乳喂养的宝宝，如果体重增加理想，可以到6个月时添加；人工喂养及混合喂养的宝宝，在宝宝满4个月以后，身体健康的情况下，逐渐开始添加辅食。值得注意的是，无论何种喂养方式的宝宝，均应在满6个月时开始添加辅食。但具体何时添加辅食，应根据宝宝的实际发育状况具体实施。

如果宝宝出现了以上那些可爱的“小信号”，就是宝宝在说：“我要辅食！”总之，添加辅食不是跟人竞赛，不是越早越好，一定要等宝宝的身体准备好了再开始添加。

2.市售辅食和自制辅食哪个更好？

市售辅食最大的优点就是方便，无需费时制作，而且花样繁多，有多种口味。市售辅食营养全面且易于吸收，能充分满足宝宝的营养需求。但是，市售辅食的价格往往较高，有些家庭承受较有压力。

自制辅食的最大优点是新鲜，而且爸爸妈妈在制作辅食的过程中，能够更深刻地体会到为人父母的那份幸福，也加深了亲子之间的感情。但是，自制辅食如果不注意科学搭配和合理烹调，容易出现营养素流失过多、营养搭配不合理的情况，这对宝宝的健康成长同样不利。

总之，无论是市售辅食还是自制辅食，只有营养丰富、吸收良好的辅食才能更好地促进宝宝健康成长。

3.辅食添加的原则有哪些？

适龄添加

过早添加辅食，宝宝会出现呕吐和腹泻；过晚添加辅食会造成宝宝营养不良，甚至会拒吃辅食。

一种到多种

开始只能给宝宝吃一种与月龄相宜的辅食，尝试一周后，如果宝宝的消化情况良好，再尝试另一种。

从较稠的米糊和蛋黄糊开始

2008年8月1日卫生部颁布《婴儿喂养新策略》提出，开始时要添加较稠的米糊和蛋黄糊给宝宝吃。

从细到粗

刚开始辅食颗粒要细小，在宝宝快要长牙或正在长牙时，辅食的颗粒逐渐粗大，促进牙齿的生长，并锻炼宝宝的咀嚼能力。

从少到多

每次给宝宝添加新的食品时，一天只能喂一次，而且量不要大，1~2勺就可以了。观察宝宝的接受程度，大便是否正常等情况，适应以后再逐渐增加。

新鲜、美味

给宝宝制作食物时，不要只注重营养而忽视了口味，这样不仅会影响宝宝的味觉发育，还会为日后挑食埋下隐患，影响营养的摄取。

心情愉快

给宝宝喂辅食时，应该创造一个清洁、安静的用餐环境，并有固定的场所、桌椅及专用餐具，最好选在宝宝心情愉快时喂食。宝宝表示不愿吃时，千万不可强迫。宝宝不适时，要立刻停止喂食，等宝宝恢复正常后再重新少量添加。

4.辅食添加的顺序是什么？

辅食添加按照“谷物（淀粉）——蔬菜——水果——动物性食物”的顺序。首先添加谷物，比如米粉；其次添加蔬菜汁（蔬菜泥）和果汁（果泥）；最后添加动物性食物。动物性食物添加的顺序应为：蛋黄泥——鱼泥——肉泥——全蛋（蒸鸡蛋羹）——肉末。辅食添加顺序很重要，如果打乱了，会加重宝宝胃肠负担，无法完全消化，甚至会影响免疫系统功能的建立。

宝宝9个月后不能只吃泥糊状食物，应该吃点粗糙的小颗粒食物，锻炼咀嚼和吞咽功能。

研磨棒最好采用原木制作的。研磨碗内的脊纹，能使食物磨得更细。

5. 辅食有哪些种类？

谷物（淀粉）： 最常见的就是米粉，这是最不容易导致宝宝过敏的辅食，也是宝宝的第一餐辅食。宝宝刚开始吃的时候，米粉要调得稠一点，只喂一小勺，便于宝宝接受。随着宝宝月龄的增大，可逐渐添加粥、米饭、面条等。

蔬菜水、果汁： 蔬菜水的味道比果汁清淡，更适合刚加辅食的宝宝。

蔬菜泥、果泥： 尝试给宝宝吃各种蔬菜泥、果泥，每次只吃一种，等宝宝接受了，再试另一种。

蛋黄泥： 从1/4个蛋黄开始添加，每隔3~5天增加一份，从1/4到1/2再到3/4直到添加1个蛋黄。可以给蛋黄加一点点温水、米汤或果汁搅拌成糊，用小勺喂宝宝。

肉泥： 肉泥是蛋白质和铁、锌的最丰富来源。肉泥里可以放一些蔬菜汁、蔬菜泥，味道会更好，营养也更丰富。

6. 辅食制作常见用具有哪些？

小汤锅： 烫熟食物或煮汤用，也可用普通汤锅，但小汤锅省时省能，是妈妈的好帮手。

研磨器： 将食物磨成泥，是辅食添加前期的必备工具。使用前需将研磨器用开水浸泡一下消毒。

榨汁机： 最好选购有特细过滤网，可分离部件清洗的榨汁机。

削皮器： 居家必备的小巧工具，便宜又好用。给宝宝专门准备一个，与平时家用的区分开，以保证卫生。

挤橙器： 适合自制鲜榨橙汁，使用方便，容易清洗。

吸盘碗： 吸盘碗能牢固吸附在桌子上，以防宝宝把碗弄掉地上。但要注意，吸盘碗直接进微波炉中可能导致变形，影响吸附功能。

使用薄的不锈钢勺子刮果泥要注意，刮完要换软勺喂食宝宝，并且喂食要及时，以免果泥氧化。

给宝宝选择的餐具颜色要浅，最好是透明的，这样容易发现污垢，便于清理。

7.制作辅食的小窍门有哪些？

适当准备宝宝辅食制作常用工具

如小汤锅、研磨器、挤橙器等，它们的优点是可以做到宝宝专用，而且这些工具在设计过程中，在材质、清洗方面都做得较好，是“懒妈妈”的好帮手。但是，价格有点贵，大多在几十元到上百元之间。

注意选择多样的辅食制作方法

（1）煮少量的汤时，可以将小汤锅倾斜着烧煮。

（2）适当使用微波炉制作少量辅食。

（3）想要煮出质软且颜色翠绿的蔬菜，水一定要充分沸腾。

（4）要顺着蔬菜和肉的纤维垂直下刀。

8.辅食制作有哪些注意事项？

食材的选择

食材以新鲜为主，水果蔬菜烹饪之前洗净，用清水或淡盐水浸泡半个小时。

用具和餐具的选择

制作辅食的用具宜使用不锈钢制品，不能用铁、铝制品。玻璃制品要选钢化玻璃。

制作前的准备

要洗净食材、用具和餐具。制作食品的刀具、锅、碗等要生、熟食品分开使用，严格注意卫生。

烹饪方面

辅食的精细程度要符合宝宝的月龄特征，尽量不要太油腻。制作好的辅食，不宜在室温下放置过久，以免腐坏。辅食不宜在微波炉中高温加热，以免破坏食物中的营养素。

注意营养均衡和禁忌

辅食添加初期，果汁要加水稀释。宝宝1岁以前，辅食中不宜加味精、盐等调味品。

塑料餐具颜色鲜艳，能引起宝宝的注意，增加食欲，但不宜盛放太烫的汤粥类辅食。

9.如何能让宝宝爱上辅食？

变着花样做辅食

富于变化的辅食能促进宝宝的食欲，也能让宝宝养成不挑食的好习惯。

选购宝宝喜爱的餐具

儿童餐具有可爱的图案和鲜艳的颜色，可以增加宝宝的食欲。

饭前先提醒

宝宝玩得正高兴时，如果突然被打断，会产生抵触情绪。如果事先提醒的话，宝宝心理上会有准备，有助愉快进餐。

营造一个轻松愉快的用餐氛围

给宝宝营造一个清洁、安静、舒适的用餐环境，并有固定的场所、桌椅及专用餐具，不要允许宝宝边吃饭边看电视或边吃饭边玩。宝宝吃饭较慢时，不要催促，更不要斥责宝宝，多表扬和鼓励宝宝，这样能增强宝宝食欲，让宝宝体会用餐的快乐。

让宝宝自己动手吃

宝宝6个月之后，会有自己动手吃的欲望。妈妈可以帮宝宝洗净小手，让宝宝自己拿小勺吃或用手抓食物吃。这样既锻炼了宝宝的动手能力，也增强了宝宝的食欲，还满足了宝宝的好奇心。妈妈可以在地上铺上报纸以方便收拾残局。

10.怎样判断宝宝是否适应辅食？

给宝宝添加辅食之后，妈妈要密切观察宝宝，判断宝宝是否适应辅食。可以看看宝宝大便的情况：如果便次和性状都没有特殊的变化，就是适应的。还可以观察宝宝的精神状况：有没有呕吐以及对食物是否依然有兴趣。如果这些情况都是好的，说明宝宝对辅食是适应的。

如果宝宝对辅食的性状、口味不适应，妈妈要耐心地鼓励宝宝去尝试。有的宝宝其实不是对辅食的口味不适应，而是对进食的方式不适应，因为要由原来的吸吮改为由舌尖向下吞咽，学习咀嚼。如果宝宝添加辅食的时间过晚，那么原有的吸吮习惯会更大地影响宝宝接受新的进食方式。

11. 怎样给辅食餐具清洁、消毒?

辅食餐具是宝宝的亲密小伙伴，经常装着美味的食物，但容易滋生细菌，加上宝宝的肠胃娇弱，爸爸妈妈自然要特别重视餐具的清洁和消毒。

餐具的清洗要及时，餐具的消毒频率一般一天一次就可以了。适合宝宝餐具消毒的方法主要有两种：一是煮沸消毒法，这种消毒法妈妈们用得最为普遍，就是把宝宝的辅食餐具洗干净之后放到沸水中煮2~5分钟，但如果有些餐具不是陶瓷或玻璃制品，煮的时间不宜过长；二是蒸气消毒法，把餐具洗干净之后放到蒸锅中，蒸5~10分钟。

12. 宝宝吃辅食过敏怎么办?

宝宝的胃肠道比较脆弱，因此很容易发生过敏现象。爸爸妈妈们在给宝宝添加辅食的过程中，每次添加新品种，应该先少量地尝试。给宝宝添加新品种后，应该密切观察宝宝食用后的反应，如果宝宝有腹泻、呕吐、出皮疹等症状时，应该立刻停止添加。间隔几天后再次尝试，如果仍出现类似的情况，就要到医院进行过敏检测，了解孩子对该食物过敏的程度。经过检测，如果宝宝属于轻度过敏，可以从最小剂量开始慢慢添加，让宝宝慢慢适应；如果宝宝是中度以上过敏，日后应避免添加该食物，同时用营养素相同的食物替代，比如海鱼不能吃，可用肝类食物替代。食物过敏的宝宝随着年龄的增长，胃肠道功能会逐渐增强，产生免疫耐受性，过敏的食物会逐渐减少，极少数不能改善的可到医院治疗。

13.宝宝添加辅食后不吃奶怎么办?

有的宝宝在添加辅食后不吃奶，出现这种情况大概有以下几个方面的原因：

一是添加辅食的时间不是很恰当，可能过早或过晚。二是添加的辅食不合理。辅食口味调得比奶鲜浓，使宝宝味觉发生了改变，不再对淡而无味的奶感兴趣了。三是添加辅食的量太大。辅食与奶的搭配不当，宝宝想吃多少就加多少，没有饥饿感，影响了宝宝对吃奶的食欲。四是宝宝自身的原因。比如转奶后的宝宝，添加辅食后，乳糖酶逐渐减少，再给奶类，会造成腹胀、腹泻，而拒吃奶。

针对这些情况，妈妈可以在宝宝饥饿准备喂辅食时，先喂奶再喂辅食，也可以在宝宝睡前或刚醒迷迷糊糊时候喂奶。如果担心宝宝蛋白质摄入不足，可以适当增加鱼、肉、蛋的摄入量。妈妈还可以适当减少辅食的量，让宝宝能很好地吃奶。

14.宝宝的辅食中可以加盐吗?

1岁以内的宝宝从母乳和牛奶中摄取的天然盐分已经能满足身体的需要，不用再在辅食中加盐。宝宝的肾脏发育不成熟，尤其是排泄钠盐的功能不足，吃了加盐的辅食以后，肾脏没有能力将其排出，钠盐滞留在组织之内，会导致局部水肿。而且，吃得过咸会直接影响宝宝对锌和钙的吸收，会使免疫力下降，食欲不振，生长缓慢，发育不全，甚至影响智力发展。

1岁以后的宝宝所吃的饭菜中也要严格限制盐的添加。可采用“餐时加盐”的方法，也就是在菜起锅时不加盐，等菜做好端到餐桌上再放盐，这样会使盐仅附着在菜表面。虽然只放一点盐，但吃起来却会有味道。宝宝夏季出汗较多，或腹泻、呕吐时，盐摄取量可比平时略增加一些。

15.宝宝偏食该怎么办？

从婴儿期开始，爸爸妈妈就要注意培养宝宝良好的饮食习惯。依据宝宝的身体“小信号”，及时给予辅食添加，促进味觉的发展，使宝宝从小就具有良好的食欲。

选择正确时间转奶，有利于宝宝良好饮食习惯的培养。少给宝宝吃零食、甜食及冷食，以免打乱宝宝的饱饿规律。还可以增加宝宝的活动量，促进食欲。重视食物品种的多样化。每种菜的量做得少一点儿，花样多一点儿，以此来增强宝宝的进食欲望。尽量使制作的食物色、香、味俱全，且要适合宝宝口味。

做到以上这些，可在宝宝胃口好、食欲旺盛的情况下纠正偏食习惯。

16.怎样给宝宝添加鸡蛋？

鸡蛋，特别是蛋黄，含有丰富的营养成分，非常适合宝宝食用。8个月以内宝宝吃鸡蛋时可能会对蛋白过敏，因此应避免食用蛋白。

科学的添加鸡蛋方法是：6个月左右的宝宝，从开始每天吃1/4个蛋黄，逐渐增加到每天吃1个蛋黄。宝宝接近1岁时再开始吃全蛋。

值得注意的是，虽然鸡蛋的营养价值高，但宝宝也不是吃得越多越好。肾功能不全的宝宝不宜多吃鸡蛋，否则尿素氮积聚，会加重病情。皮肤生疮化脓及对鸡蛋过敏的宝宝，也不宜吃鸡蛋。

17.宝宝便秘时如何添加辅食？

宝宝的饮食一定要均衡，不能偏食，五谷杂粮以及各种水果蔬菜都应该均衡摄入。比如可以给宝宝喝一点菜粥，以增加肠道内的膳食纤维，促进胃肠蠕动，排便通畅。训练宝宝养成定时排便的好习惯。一般来说，宝宝3个月左右，爸爸妈妈就可以帮助宝宝逐渐形成定时排便的习惯了。

要保证宝宝每日有一定的活动量。对于还不能独立行走、爬行的宝宝，如果便秘了，爸爸妈妈要多抱抱宝宝，或适当揉揉宝宝的小肚子。妈妈可以做红薯泥给宝宝吃，红薯中含的膳食纤维特别多，可以软化粪便，对排便有好处。此外，香蕉也有通便的作用，可以适当给宝宝进食。

18.宝宝腹泻时如何添加辅食？

宝宝出现腹泻时，应及时到医院进行诊治。排除受细菌感染的可能，宝宝腹泻大多数都是喂养不当引起的。

母乳喂养的宝宝，不必停止喂养，需适当减少喂奶量，延长两次喂奶的间隔时间，使宝宝胃肠得到休息。

人工喂养或混合喂养的宝宝，如果每日腹泻超过10次，并伴有呕吐，应禁食6~8小时，最长不超过12小时，使宝宝胃肠道得到充分休息。禁食时应保证宝宝充足的水分供应。待情况好转，逐渐改喝米汤、冲淡的配方奶，至完全好转再恢复原来的饮食。切记无论病情轻重，一律停止添加辅食，至痊愈后再逐一恢复。苹果泥、胡萝卜汤等虽然可以帮助治疗腹泻，但不宜长期食用。

19.如何给宝宝补充果汁?

刚开始添加果汁时，最好在中午吃奶后1小时进行，这时候宝宝较容易接受果汁。纯果汁中加2倍分量的温开水，用小汤勺或专用的奶瓶喂给宝宝，每天喂1次，每次5~10毫升。随着宝宝不断长大，喂食果汁的频率和量都可以相应增加。

果汁最好自制，可以保证果汁的新鲜度。所选的水果应该是应季的，只要新鲜就行，不必去买进口水果或反季节水果。制作过程务必讲究卫生，每次制作要适量，剩下的果汁不能留下再次喂给宝宝。

另外，即便是每天加果汁，也应该注意给宝宝喂几次水，量不一定多，但要让宝宝习惯水的味道，否则宝宝喝了果汁后就不爱喝水了。

20.宝宝可以吃零食吗?

宝宝可以吃零食，但是要选择对宝宝成长有益的零食，如水果、奶制品、糕点等，而且要根据月龄适当添加。

首先，控制宝宝吃零食的时间。可在每天午饭、晚饭之间给宝宝一些糕点或水果，量不要过多。餐前1小时内不宜让宝宝吃零食，尤其是甜食。

其次，针对宝宝生长发育情况，选择强化食品作为零食。如缺钙的宝宝可选用钙质饼干，缺铁的加补血酥糖。但最好在医生的指导下进行，否则短时间内大量进食某种强化食品可能会引起中毒。

最后，每天的零食安排以1~2次为宜，不能吃得过多，以免影响食欲。

总之，给宝宝吃零食一定要有计划、有控制，不可用零食来逗哄宝宝，不能宝宝喜欢什么便给买什么，不要让宝宝养成无休止吃零食的坏习惯。

4个月宝宝体格发育指标

4个月	体重（千克）	身高（厘米）	头围（厘米）
男宝宝	7.43±0.89	64.6±2.4	42.2±1.0
女宝宝	6.91±0.64	62.6±2.0	40.8±1.2

第二章
4个月，从含铁婴儿米粉开始

一天6顿饭怎么吃

主食： 母乳或配方奶

辅食： 含铁婴儿米粉、米汤、菜水、果汁

餐次： 每4~5小时1次，每天6次

第1顿： 母乳或配方奶

第2顿： 母乳或配方奶

第3顿： 母乳或配方奶

第4顿： 米粉（米汤、菜水、果汁）

第5顿： 母乳或配方奶

第6顿： 母乳或配方奶

（具体奶量和夜奶视宝宝实际需求添加）

4个月的宝宝继续提倡纯母乳喂养，但是人工喂养或混合喂养的宝宝，配方奶已经不能完全满足宝宝生长需求，宝宝体内铁、钙、叶酸和维生素等营养元素会相对缺乏。若是宝宝有辅食添加"小信号"，应适当地增加谷物类和富含铁、钙的食物，如含铁婴儿米粉、菜水、果汁等。

新加的饭饭

这可是宝宝的第一次辅食体验哦！宝宝最先添加的是含铁婴儿米粉，妈妈们只要根据市售婴儿米粉的调配说明调制就好。刚开始调制时，可能把握不好，多练习几次就好了！用来制作菜水、果汁的原料有很多，比如青菜、胡萝卜、橙子、苹果等。菜水、果汁晾温后，可以装到宝宝专用果汁奶瓶中，也可以用婴儿软头汤勺慢慢地喂给宝宝。

主要营养素

B族维生素、维生素C

准备时间 3分钟

烹饪时间 3分钟

用料

青菜 50克

青菜水

做法：

① 将青菜择洗干净，沥水，切碎。

② 锅内加入适量水，上火煮沸后放入青菜碎末，煮1~2分钟后关火。

③ 用汤勺挤压青菜碎末，使菜汁流出，取菜水上面一层即可。

功效：

青菜水可补充B族维生素、维生素C、钙、磷、铁等物质，还含有大量的膳食纤维。宝宝喝青菜水，不仅能"下火"，还能促进肠道蠕动，尤其适合用配方奶喂养的宝宝。

小餐椅的叮咛

初次添加只是尝试，喂1~2勺即可，要注意观察宝宝的大便情况。如果出现腹泻，就要立即停止添加！

主要营养素

蛋白质、碳水化合物、钙

准备时间 1小时

烹饪时间 20分钟

用料

大米 50克

这是我第一次吃辅食，看到我咂小嘴的样子，妈妈是不是很开心？

大米汤

做法：

① 将大米洗净，用水浸泡1小时，放入锅中加入适量水，小火煮至水减半时关火。

② 用汤勺舀取上层的米汤，晾至微温即可。

功效：

大米汤汤味香甜，含有丰富的蛋白质、碳水化合物及钙、磷、铁、维生素C等营养成分。腹泻脱水的宝宝，一般补液无效时，喝点大米汤能起到很好的止泻效果。

橙汁

做法：

① 将橙子洗净，横向一切为二。

② 将剖面覆盖在挤橙器上旋转，使橙汁流出。

③ 喂食时，要加温开水，橙汁与温开水的比例可以逐渐从1:2到1:1。

功效：

橙子中维生素C的含量很高，还含有丰富的膳食纤维、钙、磷、钾等营养成分，不但能增强机体抵抗力，还可促进肠道蠕动，尤其适合配方奶喂养的宝宝。

主要营养素

维生素C、膳食纤维

准备时间 1分钟

烹饪时间 5分钟

用料

橙子 半个

苹果胡萝卜汁氧化速度很快，要尽快给宝宝饮用。胡萝卜素主要存在于胡萝卜皮下，而胡萝卜皮只有薄薄的一层，因此胡萝卜不宜去皮食用。

苹果胡萝卜汁

做法：

① 将苹果去皮、核，洗净，切成丁；胡萝卜洗净，切成丁。

② 将苹果丁和胡萝卜丁放入锅内，加适量水煮10分钟，至胡萝卜丁、苹果丁均软烂。

③ 滤取汁液即可。

功效：

胡萝卜富含β-胡萝卜素，可增强视网膜的感光力，是宝宝必不可少的营养素。胡萝卜与苹果一起煮汁饮用，味道甜美，还能健脾消食、润肠通便。

主要营养素

膳食纤维、碳水化合物、β-胡萝卜素

用料

苹果 半个

胡萝卜 半个

西红柿苹果汁

做法：

① 将西红柿洗净，放入开水中焯烫片刻，剥去皮，切成小块，用纱布把汁挤出。

② 将苹果去皮、核，切成块，用榨汁机榨汁。

③ 取1~2汤勺苹果汁放入西红柿汁中，以1：2的比例加温开水即可。

功效：

富含维生素C的西红柿与富含膳食纤维的苹果榨汁饮用，是非常好的搭配。西红柿苹果汁在补充营养的同时，还能调理肠胃、增强体质、预防贫血。

主要营养素

维生素C、膳食纤维

准备时间 7分钟

烹饪时间 8分钟

用料

西红柿 1个

苹果 半个

小餐椅的叮咛

葡萄和奶不能同食。因为葡萄里含有果酸，会使奶中的蛋白质凝固，不仅影响吸收，严重者还会出现腹胀、腹痛、腹泻等症状。因此，妈妈应在宝宝喝完奶1小时后再给宝宝喝葡萄汁。

葡萄汁

做法：

① 将葡萄洗净，去皮、去子。

② 将葡萄放入榨汁机内，加入适量的温开水后一同打匀，过滤出汁液即可。

功效：

葡萄富含有机酸和矿物质，以及各种维生素、氨基酸、蛋白质等，能促进食物消化、吸收，有利于宝宝的健康成长。葡萄中含有丰富的葡萄糖和果糖，可以直接被宝宝吸收。

主要营养素

有机酸、矿物质、维生素

准备时间 5分钟

烹饪时间 5分钟

用料

葡萄 50克

菠菜汁

做法:

① 将菠菜择洗干净，在淡盐水中浸泡半小时。

② 将菠菜在开水中焯一下，捞出沥水，切成小段。

③ 将菠菜段放入榨汁机中，加入适量的温开水一起打匀，过滤出汁液即可。

功效:

菠菜含有丰富的胡萝卜素、维生素C、钙、磷及一定量的铁、维生素E等有益成分，能供给人体多种营养物质。菠菜所含的铁质，对贫血的宝宝有一定的辅助治疗作用。

小餐椅的叮咛

断面变色或变味的甘蔗误食后容易引起中毒，绝不能让宝宝食用。此外，甘蔗的含糖量最为丰富，给宝宝添加时宜少量。

甘蔗荸荠水喝起来甜甜的，妈妈，我能不能再喝一点啊？

主要营养素

铁、磷、膳食纤维、维生素A

准备时间 3分钟

烹饪时间 10分钟

用料

甘蔗 1小节

荸荠 3个

甘蔗荸荠水

做法：

① 甘蔗去皮洗净，剁成小段。

② 荸荠洗净，去皮，去蒂，切成小块。

③ 将甘蔗段和荸荠块一起放入锅里，加入适量的水，大火煮开后撇去浮沫，转小火煮至荸荠全熟，过滤出汁液即可。

功效：

甘蔗的含铁量在水果中雄踞“冠军”宝座，是宝宝补铁的最佳选择。荸荠中含磷量是根茎类蔬菜中最高的，能促进人体健康生长，对牙齿和骨骼的发育也有很大好处。

梨汁

做法：

① 将梨洗净去皮、核，切成小块。

② 将梨块放入榨汁机中，加入两倍的温开水榨成汁，过滤出汁液即可。

功效：

梨性微寒，汁甜味美，有生津润燥、清热化痰、润肠通便的功效，可用于治疗宝宝肺热咳嗽、咽痛。

主要营养素

维生素C、膳食纤维

准备时间 1分钟

烹饪时间 5分钟

用料

梨 半个

小餐椅的叮咛

莲藕顶部的第一节称为“荷花头”，味道最好，维生素C含量也高，适合宝宝榨汁饮用。如果直接饮用带皮莲藕榨出的汁，对咳嗽严重的宝宝有很好的治疗效果。

妈妈说喝了莲藕苹果柠檬汁我就不会咳嗽了，嘻嘻……

主要营养素

铁、维生素C、膳食纤维

准备时间 1分钟

烹饪时间 8分钟

用料

莲藕 半节

苹果 半个

柠檬汁 适量

莲藕苹果柠檬汁

做法：

① 将莲藕洗净去皮，切成小块，放入锅内加水煮熟；苹果洗净，去皮、核，切块。

② 将莲藕块、苹果块放入榨汁机，兑入适量温开水榨成汁。

③ 在汁中加几滴柠檬汁即可。

功效：

莲藕富含铁，缺铁性贫血的宝宝可以适当多食用一些。莲藕苹果柠檬汁富含维生素C和膳食纤维，既能帮助宝宝消化、防止便秘，又能供给宝宝需要的碳水化合物和微量元素。

5个月宝宝体格发育指标

5个月	体重（千克）	身高（厘米）	头围（厘米）
男宝宝	8.00±0.93	66.9±2.2	43.0±1.3
女宝宝	7.85±0.75	65.0±1.8	41.8±1.2

第三章 5个月，添加米糊、蛋黄

一天6顿饭怎么吃

主食：母乳或配方奶

辅食：米糊（米汤）、蛋黄、菜汁（菜泥）、果汁（果泥）

餐次：每4~5小时1次，每天6次

第1顿：母乳或配方奶

第2顿：米糊（米汤、蛋黄、菜汁、菜泥、果汁、果泥）

第3顿：母乳或配方奶

第4顿：母乳或配方奶

第5顿：母乳或配方奶

第6顿：母乳或配方奶

（具体奶量和夜奶视宝宝实际需求添加）

这个月继续提倡纯母乳喂养。对添加辅食比较适应的宝宝，妈妈可以添加泥糊状的食物了。给宝宝添加新辅食时，妈妈依然应该从一种开始尝试，等宝宝习惯后再试另一种。有时候，宝宝会吃吃吐吐，妈妈不要误以为是宝宝不喜欢新口味，只要多次尝试，宝宝就会适应。同时妈妈要细心观察宝宝，如有异常反应，应立刻停止添加。因此，妈妈在给宝宝尝试新辅食时要有耐心哦！

新加的饭饭

5个月宝宝所需热量及各种营养成分和4个月时相比并无大的变化。配方奶喂养的宝宝可以适当添加辅食，食物要呈泥糊状，滑软、易咽，不要加任何调味品。每天加1~2次辅食即可，一般可在宝宝小睡起床之后进行。

主要营养素

铁、卵磷脂、钙、谷氨酸

准备时间 5分钟

烹饪时间 15分钟

用料

鸡蛋 1个

玉米粒 40克

蛋黄玉米泥

做法：

① 玉米粒洗净，用搅拌器打成蓉；鸡蛋取蛋黄，打散。

② 将玉米蓉放入锅中，加适量水，大火煮沸后，转小火煮5分钟。

③ 将1/4蛋黄液慢慢倒入锅中，转大火并不停地搅拌，直至煮沸即可。

功效：

蛋黄中富含铁，玉米中富含卵磷脂，而且玉米所含的钙、磷、铁等元素均高于大米。尤其是玉米中含有较多的谷氨酸，能提高宝宝的免疫力。

主要营养素

B族维生素、维生素C

准备时间 3分钟

烹饪时间 15分钟

用料

青菜 50克

小餐椅的叮咛

制作青菜泥时，必须将青菜煮烂。可以将青菜泥加入调制好的米粉中食用，煮青菜的水也可以同时喂给宝宝喝。

青菜泥

做法：

① 将青菜择洗干净，沥水，切碎。

② 锅内加入适量水，待水沸后放入青菜碎末，煮15分钟捞出放碗里。

③ 用汤勺将青菜碎末捣成菜泥即可。

功效：

青菜泥可补充B族维生素、维生素C、钙、磷、铁等物质。青菜中还含有大量的膳食纤维，有助于宝宝排便，并保护皮肤黏膜。

主要营养素

维生素B_1、铁

准备时间 3分钟

烹饪时间 20分钟

用料

小米 适量

细玉米渣 适量

小米玉米渣汤

做法:

① 将小米淘洗干净;细玉米渣在制作过程中已经去掉外皮,所以不用淘洗。

② 锅内加入适量水,放小米、细玉米渣同煮成粥,晾温后取上面的汤即可。

功效:

小米熬汤营养价值丰富,有“代参汤”之美称,而且小米中维生素B_1的含量位居所有粮食之首。小米玉米渣汤中含铁量比大米汤高一倍,尤其适合贫血的宝宝食用。

主要营养素

锌、矿物质、维生素C

准备时间 3分钟

烹饪时间 5分钟

用料

苹果 半个

苹果泥

做法：

① 将苹果洗净，去皮；勺子洗净。

② 用勺子把苹果慢慢刮成泥状即可。

小餐椅的叮咛

苹果品种丰富，大人喜欢口感脆甜的“红富士”，但“红富士”不易刮成果泥。而蛇果果肉较面，容易刮成果泥，且入口易化，所以蛇果是给宝宝做苹果泥的最佳选择。

功效：

苹果富含锌，可增强宝宝记忆力，健脑益智。苹果又含有丰富的矿物质，可预防佝偻病。苹果还对宝宝缺铁性贫血有防治作用。

主要营养素

胡萝卜素、叶酸、维生素C

准备时间 3分钟

烹饪时间 20分钟

用料

小米 30克

胡萝卜 半根

胡萝卜米汤

做法：

① 将胡萝卜洗净，切成小丁；小米洗净。

② 将胡萝卜丁和小米一同放入锅内，加适量水煮沸，转小火煮至胡萝卜绵软、小米开花。

③ 取上面一层米汤即可。

功效：

胡萝卜富含胡萝卜素，胡萝卜素进入人体后，在肠道和肝脏内可转变为维生素A，是饮食中维生素A的重要来源之一。维生素A能保护眼睛，促进生长发育，提高免疫力，是宝宝辅食的理想食材。

土豆泥真香，还能吃到葡萄干的酸甜味。又甜又糯！

主要营养素

蛋白质、膳食纤维、矿物质

准备时间 3分钟

烹饪时间 15分钟

用料

土豆 半个

葡萄干 10粒

小餐椅的叮咛

变绿发芽的土豆严禁添加到宝宝的辅食里。平日存放时，把土豆和苹果放在一起，苹果产生的乙烯会抑制土豆芽眼处的细胞产生生长素，土豆自然不会发芽。此外，葡萄干之类的小颗粒食材一定要切碎了再给宝宝食用。

葡萄干土豆泥

做法：

① 葡萄干洗净，用温水泡软，切碎。

② 将土豆去皮洗净，切成小块，上锅蒸熟，捣烂做成土豆泥。

③ 锅烧热，加适量水，煮沸，放入土豆泥、葡萄干，转小火煮3分钟；出锅后晾温即可。

功效：

土豆因其营养丰富而有“地下苹果”的美誉。土豆泥营养丰富，制作方便，还是最不容易过敏的食物之一，最适合宝宝吃。葡萄干中的铁和钙含量十分丰富，是缺铁性贫血宝宝的滋补佳品。

芹菜米粉

做法:

① 将芹菜去叶，洗净，切碎，用水煮软。

② 再加米粉煮至黏稠即可。

功效:

芹菜营养丰富，含有蛋白质、磷、铁、维生素。宝宝常吃芹菜，可促进生长，维持牙齿及骨骼正常发育，还能预防便秘。

主要营养素

蛋白质、维生素、磷、铁

准备时间 3分钟

烹饪时间 10分钟

用料

芹菜 50克

米粉 适量

小餐椅的叮咛

宝宝脾胃功能较弱，红枣黏腻，不易消化，所以每天吃枣以不超过5颗为宜。红枣中糖分过多，容易引发龋齿。宝宝吃完红枣做的辅食以后要喝点温开水。

红薯红枣蛋黄泥

做法：

① 将红薯洗净去皮，切块；红枣洗净去核，切成碎末。

② 将红薯块、红枣末放入碗内，隔水蒸熟。

③ 将蒸熟后的红薯、红枣以及熟鸡蛋黄加适量温开水捣成泥，调匀即可。

吃了红薯会"噗噗噗"，妈妈换尿不湿的时候可要小心！

功效：

红薯中赖氨酸和精氨酸含量都较高，可以促进宝宝的生长发育，提高宝宝的抵抗力。它还富含可溶性膳食纤维，有助于促进宝宝排便，防止宝宝便秘。

主要营养素

赖氨酸、精氨酸、膳食纤维

准备时间 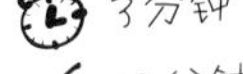 3分钟

烹饪时间  10分钟

用料

红薯 半个

红枣 4颗

熟鸡蛋黄 1/4个

以往辅食翻新做

随着宝宝的适应能力越来越强，妈妈可以尝试多添加几种新口味的辅食，既可以培养宝宝对辅食的兴趣，又可以让宝宝更均衡地摄取营养。

主要营养素

维生素、有机酸、钙

准备时间 3分钟

烹饪时间 5分钟

用料

西瓜瓤 200克

西瓜汁

做法：

① 将西瓜瓤切块，去掉西瓜子，用勺子捣烂。

② 用纱布过滤出西瓜汁，加等量的温开水调匀即可。

功效：

西瓜是水果中水分含量最高的品种之一，还富含维生素、有机酸、氨基酸以及钙、磷、铁等矿物质。宝宝喝西瓜汁，不仅可以获得丰富的营养，而且有开胃、助消化、利尿的作用。

主要营养素

蛋白质、膳食纤维、维生素C

准备时间 5分钟

烹饪时间 3分钟

用料

花菜 50克

妈妈，花菜里有小虫子，你要多泡会，我可不想吃到"高蛋白"！

小餐椅的叮咛

花菜虽然营养丰富，但是常有残留的农药，还容易生菜虫。在吃之前，将花菜放在淡盐水里浸泡几分钟，菜虫就跑出来了，还可去除残留农药。

花菜汁

做法：

① 将花菜用淡盐水泡5分钟，洗净，掰成小朵。

② 将花菜放入锅中焯熟，取出后加适量温开水，用榨汁机榨成汁，滤取汁液即可。

功效：

花菜含有蛋白质、膳食纤维、维生素C和钙、磷、铁等矿物质。花菜质地细嫩，味甘鲜美，食用后极易消化吸收，很适合宝宝食用。花菜的维生素C含量极高，有利于宝宝的生长发育，提高宝宝的免疫力。

生菜苹果汁

做法：

① 将生菜洗净，切成段，入沸水中焯一下；苹果洗净，去皮，去核，切成小块。

② 将生菜和苹果放入榨汁机中，加入适量温开水打匀，过滤出汁液即可。

功效：

生菜中含有丰富的维生素C，可以增强宝宝的免疫力。生菜中含有的钙、铁、铜等矿物质，可以促进宝宝骨骼和牙齿发育。生菜中还含有丰富的膳食纤维，有助于宝宝消化吸收，促进代谢废物的排出，防止便秘。

主要营养素

维生素C、钙、膳食纤维

准备时间 5分钟

烹饪时间 10分钟

用料

生菜 半棵

苹果 1个

小餐椅的叮咛

对于积食的宝宝，白菜具有消食的作用；对于肺热咳嗽的宝宝，白菜具有清肺止咳的作用。但是，白菜性偏寒凉，宝宝如果正在腹泻，不要食用白菜做成的辅食。

白菜胡萝卜汁

做法：

① 白菜叶放入淡盐水中浸泡半小时，洗净，切成段；胡萝卜洗净，切成片。

② 将白菜叶和胡萝卜片放在锅里煮软，然后与少量煮菜的水一起放入榨汁机榨成汁，过滤出汁液即可。

功效：

白菜中锌的含量在蔬菜中名列前茅，可以提高宝宝免疫力，促进大脑发育。白菜含有丰富的膳食纤维、胡萝卜素、矿物质等，对宝宝的肠道健康、视力发育都有很大帮助。

主要营养素

锌、膳食纤维、胡萝卜素

准备时间 30分钟

烹饪时间 5分钟

用料

白菜叶 3片

胡萝卜 半根

6个月宝宝体格发育指标

6个月	体重（千克）	身高（厘米）	头围（厘米）
男宝宝	8.52±0.95	69.0±2.3	43.8±1.2
女宝宝	8.06±0.81	67.2±1.6	42.8±1.3

第四章
6个月，能吃鱼泥了

一天6顿饭怎么吃

主食: 母乳或配方奶

辅食: 鱼泥、米糊（米汤）、果汁（果泥）、菜汁（菜泥）、蛋黄

餐次: 每4~5小时1次，每天6次

第1顿: 母乳或配方奶

第2顿: 果汁（果泥、米糊、米汤）

第3顿: 母乳或配方奶

第4顿: 母乳或配方奶

第5顿: 鱼泥（菜汁、菜泥、蛋黄）

第6顿: 母乳或配方奶

（具体奶量和夜奶视宝宝实际需求添加）

这个月的宝宝开始接触离乳食品，但营养的主要来源还是母乳或配方奶。辅食只是补充部分营养素的不足，为过渡到以饭菜为主要食物做好准备。这个阶段宝宝需要添加的辅食，以含碳水化合物、蛋白质、维生素、矿物质的食物为主：包括米粉、蛋、肉、蔬菜、水果。此阶段重要的是食物的合理搭配，及辅食是否适应此月龄段的宝宝。至于辅食添加的时间、次数，还要根据宝宝个体差异而定，主要取决于每个宝宝对吃的兴趣和主动性。

新加的饭饭

本月添加辅食的宝宝消化道发育得已经可以适应更多的辅食，即从菜汁、果汁、米汤等过渡到肉泥，再过渡到以后的软饭、小块的菜、水果及肉。如果妈妈在添加的过程中发现宝宝出现严重腹泻，大便里经常有没消化的食物，说明辅食添加的速度有些快，要适当减少添加的品种。

主要营养素

蛋白质、维生素

准备时间 5分钟

烹饪时间 10分钟

用料

鱼肉 50克

鱼肉泥

做法：

① 鱼肉洗净后去皮，去刺。

② 放入盘内，上锅蒸熟，将鱼肉捣烂即可。

功效：

鱼肉的蛋白质含有人体所需的多种氨基酸，进入到宝宝的身体后，几乎能全部被吸收，所以鱼肉是优质的蛋白质来源，尤其适合宝宝食用。

主要营养素

蛋白质、β-胡萝卜素

准备时间 5分钟

烹饪时间 20分钟

用料

南瓜 50克

高汤 适量

妈妈，什么是高汤啊？有矮汤吗？

小餐椅的叮咛

选择南瓜时，应挑外皮橙红，颜色较深，粗糙一点的南瓜。虽然样子不好看，但是味道会更甜美，适合熬粥、炖煮。妈妈们切记，做高汤时可一定不能放调味品！

南瓜羹

做法：

① 南瓜去皮，洗净，切成小块。

② 将南瓜放入锅中，倒入高汤，边煮边将南瓜捣碎，煮至稀软即可。

功效：

南瓜含有蛋白质、β-胡萝卜素、钙、磷等成分，维生素A、维生素C含量也比较多，宝宝食用可增强身体免疫力。另外，南瓜所含的β-胡萝卜素，能帮助各种脑下垂体激素分泌正常，使宝宝生长发育维持健康状态。

主要营养素

维生素A、铁、锌

准备时间 3分钟

烹饪时间 20分钟

用料

鸡肝 30克

米粉 20克

西红柿 半个

做法：

① 鸡肝洗净、浸泡后煮熟，切成末。

② 西红柿洗净，放在开水中烫一下，捞起后去皮，捣烂，加入鸡肝末、米粉，搅拌成泥糊状，蒸5分钟即可。

功效：

鸡肝富含维生素A和微量元素铁、锌、铜，而且鲜嫩可口。鸡肝中铁质丰富，是宝宝补铁的佳选。鸡肝中丰富的维生素A含量，可以促进宝宝的生长发育。

鱼菜米糊

主要营养素

蛋白质、维生素

准备时间 5分钟

烹饪时间 15分钟

用料

米粉 20克

鱼肉 25克

青菜 30克

做法：

① 将青菜、鱼肉洗净后，分别剁成碎末放入锅中蒸熟。

② 将米粉放入碗中，加入温开水，边倒边搅拌成米粉糊。

③ 将蒸好的青菜和鱼肉加入调好的米粉糊，搅匀即可。

功效：

鱼菜米糊既含有鱼肉的蛋白质，又含有青菜的维生素，不但可以促进宝宝的脑部发育，还可以提高宝宝的免疫力，让宝宝聪明又健康！

小餐椅的叮咛

做鱼时要非常细心地挑出鱼刺，一定要保证把鱼刺剔除干净后再给宝宝吃。尽量选择一些刺少的鱼来制作宝宝辅食，如鳕鱼、鲈鱼、昂刺鱼等。

主要营养素

维生素A、氨基酸

准备时间 3分钟

烹饪时间 20分钟

用料

南瓜 50克

鸡汤 适量

鸡汤南瓜泥

做法：

① 南瓜去皮，洗净后切成丁。

② 将南瓜丁装盘，放入锅中，加盖隔水蒸10分钟。

③ 取出蒸好的南瓜，倒入碗内，并加入热鸡汤，用勺子压成泥即可。

功效：

南瓜富含维生素A、氨基酸、胡萝卜素、锌等营养成分，可促进宝宝的生长发育。南瓜还是补血佳品，常吃南瓜，可使大便通畅，肌肤丰美。所以，妈妈可以和宝宝一起食用南瓜。

小餐椅的叮咛

给宝宝制作辅食时，不要选择生香蕉，生香蕉不但没有帮助通便的作用，反而可能导致便秘。同时，也不能让宝宝过量地食用香蕉，否则可能引起微量元素的比例失调，对健康产生危害。

妈妈，别放太多蛋黄，不然我的小胃吃不消！

主要营养素

膳食纤维、铁、胡萝卜素

准备时间 5分钟

烹饪时间 2分钟

用料

香蕉 半根

熟鸡蛋黄 1/4个

胡萝卜 半根

香蕉蛋黄糊

做法：

① 熟鸡蛋黄压成泥；香蕉去皮，用勺子压成泥；胡萝卜洗净、切块，煮熟后压成胡萝卜泥。

② 把蛋黄泥、香蕉泥、胡萝卜泥混合，再加入适量温开水调成糊，放在锅内略煮即可。

功效：

香蕉富含膳食纤维，可刺激肠胃蠕动，帮助排便，尤其适合用配方奶喂养的宝宝。香蕉蛋黄糊对促进宝宝大脑和神经系统的发育尤其有好处。

主要营养素

锌、维生素

准备时间 5分钟

烹饪时间 20分钟

用料

苹果 半个

大米 30克

苹果米汤

做法：

① 将大米淘洗干净；苹果洗净，削皮，去核，切成小块。

② 将大米和苹果块一同放入锅中，加适量水煮成粥。

③ 待粥晾温后取上层的汤即可。

功效：

苹果不仅含有丰富的维生素和矿物质等大脑必需的营养素，而且更重要的是富含锌元素。锌可以增强宝宝的免疫力、记忆力和学习能力。腹泻的宝宝如果食用苹果米汤，会有很好的止泻效果。

小餐椅的叮咛

绿豆是夏季饮食中的上品，甘凉可口，防暑消热。但是要注意，绿豆汤偏寒，宝宝的脾胃功能比较弱，所以妈妈在给宝宝添加的时候要适量。

主要营养素

B族维生素，蛋白质、钙

准备时间 3分钟

烹饪时间  20分钟

用料

大米 30克

绿豆 30克

夏天能喝到清凉的大米绿豆汤真是太好了！妈妈真是太用心了，谢谢妈妈！

大米绿豆汤

做法：

① 将大米、绿豆淘洗干净，加适量水煮成粥。

② 待粥晾温后取米粥上层的汤即可。

功效：

大米可提供丰富的B族维生素；绿豆中蛋白质的含量几乎是大米的3倍，钙、磷、铁等矿物质的含量也比大米多。大米绿豆汤口感清润，尤其适合食欲不佳的宝宝食用。

主要营养素

维生素C、胡萝卜素

准备时间 1分钟

烹饪时间 20分钟

用料

草莓 5个

藕粉 20克

小餐椅的叮咛

形状奇怪的草莓可能是在种植过程中滥用激素造成的，所以不能购买。清洗草莓时最好用自来水不断冲洗，再用淡盐水或淘米水浸泡5分钟。洗时不要把草莓蒂摘掉。

草莓藕粉羹

做法：

① 将藕粉加适量水调匀；将锅置于火上，加水烧开，倒入调匀的藕粉，用微火慢慢熬煮，边熬边搅动，熬至透明为止。

② 草莓洗净，切块，放入搅拌机中，加适量温开水，一同打匀。

③ 将草莓汁过滤，倒入藕粉中调匀即可。

功效：

草莓中维生素C含量比苹果、葡萄高7到10倍，而它的胡萝卜素、苹果酸、柠檬酸、钙、磷、铁的含量也比苹果、梨、葡萄高3到4倍，是宝宝补充维生素的最佳选择。

主要营养素

维生素A、膳食纤维

准备时间 5分钟

烹饪时间 25分钟

用料

菠菜 30克

大米 20克

大米菠菜汤

做法：

① 菠菜择洗干净，放入沸水中焯一下，沥水后切碎。

② 大米洗净后，放入锅内，加适量的水煮成粥。

③ 出锅前，将切好的菠菜放入，搅拌均匀，再慢煮3分钟，取米粥上层的汤即可。

功效：

菠菜茎叶柔软滑嫩、味美色鲜，含有多种维生素，尤其是维生素A的含量较多。菠菜中含有的膳食纤维，能助消化、润肠道，有利于宝宝排便。

土豆泥

做法：

① 土豆洗净去皮，切成小块，上锅蒸熟，压成泥。

② 加入米汤拌匀，再上锅蒸10分钟即可。

功效：

土豆含有特殊的黏蛋白，有润肠作用，适合配方奶喂养的宝宝。土豆中还含有人体必需的多种氨基酸，维生素B_1、铁和磷的含量也比苹果高得多，是缺铁性贫血宝宝的理想辅食。

今天的蛋黄还有鱼的鲜味，超级棒！

小餐椅的叮咛

煮鸡蛋前先把蛋洗净后放入冷水中浸泡一会儿，然后用中火煮沸，可防止蛋壳破裂。煮沸后，再煮5分钟，停火再泡5分钟，煮出来的鸡蛋既被杀死了有害致病菌，又能比较完整地保存营养素。

主要营养素

DHA、铁

准备时间 10分钟

烹饪时间 10分钟

用料

鱼肉 30克

熟鸡蛋黄 1/2个

蛋黄鱼泥羹

做法：

① 鱼肉洗净后去皮、去刺，放入盘内，上锅蒸熟。

② 熟鸡蛋黄用勺子压成泥。

③ 加入少量温开水，二者同食即可。

功效：

鱼泥中富含不饱和脂肪酸DHA，可使脑神经细胞间的讯息传达顺畅，提高宝宝的脑细胞活力，增强记忆、反应与学习能力。蛋黄中的铁含量丰富，是宝宝补铁的主要食物之一。

以往辅食翻新做

6个月的宝宝，味觉发育更加完善，开始希望尝试新口味。种类富于变化，颜色、性状不同的辅食，更能吸引宝宝。妈妈要多花点心思，制作出更多新的美味辅食。营养均衡的美食，既能增进宝宝的食欲，又可以保证宝宝的健康发育。

主要营养素

钙、铁、维生素K

准备时间 1分钟

烹饪时间 10分钟

用料

苋菜 50克

苋菜汁

做法：

① 苋菜择洗干净，切成小段。

② 将苋菜段用沸水焯一下，放入榨汁机中，加适量温开水榨汁，过滤出汁液即可。

功效：

苋菜汁味浓，入口甘香，有清热、润肠胃的功效。苋菜富含易被人体吸收的钙，对宝宝的牙齿和骨骼的生长可起到促进作用。苋菜还含有丰富的铁和维生素K，有促进造血等功能，尤其适合缺铁性贫血的宝宝食用。

小餐椅的叮咛

生藕要煮熟以后再榨汁给宝宝喝。另外，不能使用铁制容器，因为铁容器会与莲藕中的维生素C发生相溶反应，影响果汁的色泽和口味。

鲜藕梨汁

做法：

① 将莲藕洗净，去皮，切成小块，入锅加适量的水煮熟；梨洗净，去皮、核，切成小块。

② 将藕块和梨块一起放入榨汁机中榨汁，过滤出汁液即可。

功效：

莲藕富含维生素C和膳食纤维，既能帮助消化、防治便秘，又能供给人体需要的碳水化合物和微量元素。鲜藕梨汁中还含有丰富的铁，能补益气血，增强宝宝免疫力。

主要营养素

维生素C、膳食纤维、铁

准备时间  5分钟

烹饪时间 10分钟

用料

莲藕 1节

梨 半个

橘子汁

做法：

① 将橘子洗净，剥皮，掰开。

② 将橘子瓣放入榨汁机中，加适量温开水进行榨汁，过滤出汁液即可。

功效：

橘子含有丰富的维生素C、苹果酸、柠檬酸、蛋白质以及多种矿物质。橘子还含有膳食纤维，可以促进通便，但宝宝消化系统还不是很健全，不宜多吃。

小餐椅的叮咛

在制作宝宝辅食之前，可将西蓝花放在淡盐水或淘米水里浸泡几分钟去除菜虫和农药残留。挑选西蓝花时，手感越重的，质量越好。不过，也要避免其花球过硬，这样的西蓝花比较老。

西蓝花汁

做法：

① 将西蓝花洗净，掰成小朵。

② 锅中加适量水，煮沸，放西蓝花煮熟。

③ 将熟西蓝花放入榨汁机中，加半杯温开水榨汁，过滤出汁液即可。

功效：

西蓝花营养丰富，含钙、蛋白质、维生素等营养成分，被誉为“蔬菜皇冠”。宝宝常喝西蓝花汁，可促进生长，维持牙齿及骨骼正常发育，保护视力，提高记忆力。

甜瓜汁

做法：

① 将甜瓜洗净去皮，去瓤，切成小块。

② 将甜瓜块放入榨汁机中，加适量的温开水榨汁，过滤出汁液即可。

功效：

甜瓜含有丰富的矿物质和维生素C。如果宝宝平时易便秘、小便黄、舌苔厚，多食甜瓜，可以起到缓解作用。常食甜瓜有利于宝宝心脏、肝脏以及肠道系统的活动，同时还可以促进宝宝的造血机能。

小餐椅的叮咛

有的宝宝对猕猴桃过敏，因此首次添加要少量，并注意观察宝宝是否有不适的症状。吃完猕猴桃后不宜马上给宝宝喂奶，猕猴桃富含的维生素C易与奶制品中的蛋白质凝结成块，影响消化吸收，还会出现腹胀、腹痛、腹泻。

妈妈说猕猴桃又叫奇异果，是不是我喝了它做的汁汁就会变得很神奇呢？

主要营养素

维生素C、膳食纤维

准备时间 2分钟

烹饪时间 2分钟

用料

猕猴桃 1个

猕猴桃汁

做法：

① 将猕猴桃洗干净，去掉外皮，切成小块。

② 将猕猴桃块放入榨汁机，加入适量的温开水后榨汁，过滤出汁液即可。

功效：

猕猴桃被称为“水果之王”，它的维生素C含量在水果中居于前列，还含有较丰富的膳食纤维、蛋白质、钙、磷、铁等矿物质，是宝宝宜常吃的水果。

7个月宝宝体格发育指标

7个月	体重（千克）	身高（厘米）	头围（厘米）
男宝宝	8.91±0.96	70.0±3.8	44.4±1.2
女宝宝	8.39±0.81	68.6±1.8	43.2±1.4

第五章
7个月，尝尝烂面条

一天6顿饭怎么吃

主食：母乳或配方奶

辅食：烂面条、肉泥、豆制品、果汁（果泥）、稠粥、鱼泥

餐次：每4~5小时1次，每天6次

第1顿：母乳或配方奶

第2顿：烂面条（肉泥、鱼泥、果汁、果泥）

第3顿：母乳或配方奶

第4顿：母乳或配方奶

第5顿：稠粥（菜糊、豆制品）

第6顿：母乳或配方奶

（具体奶量和夜奶视宝宝实际需求添加）

本月的宝宝绝不能单纯以母乳喂养了，必须添加辅食。添加辅食主要目的是补充铁以及多种营养素，否则宝宝可能会出现贫血。除了继续添加上个月添加的辅食，还可以添加肉末、豆腐，一整个鸡蛋黄，各种菜泥或碎菜。值得注意的是，未曾添加过的新辅食，不能一次添加两种或两种以上。一天之内也不能添加两种或两种以上的肉类、蛋类、豆制品或水果。无论是否长出乳牙，都应该给宝宝吃粗糙的颗粒状食物了，如菜粥、肉粥、烂面条等。

新加的饭饭

半岁以后的宝宝绝不能单纯以母乳喂养了，母乳中铁的含量比较低，需要通过辅食补充，否则宝宝可能会出现贫血。从这个月开始，可以把粮食和肉、蛋、蔬菜分开吃了，这样能使宝宝品尝出不同食物的味道，增添吃饭的乐趣，增加食欲，也为以后进食转入饭菜为主打下基础。

主要营养素

钙、磷、铁、维生素

准备时间 5分钟

烹饪时间 15分钟

用料

宝宝面条 20克

鸡毛菜 适量

鸡毛菜面

做法：

① 鸡毛菜择洗干净后，放入热水锅中烫熟，捞出晾凉后，切碎并捣成泥。

② 将面条掰成短小的段，放入沸水中煮熟软。

③ 起锅后加入适量鸡毛菜泥即可。

功效：

鸡毛菜含有非常丰富的钙、磷、铁，而且维生素含量也很丰富，不但有利于宝宝的生长发育，而且能提高宝宝的免疫力。

小餐椅的叮咛

妈妈为宝宝制作辅食宜选择宝宝专用面条，因为宝宝专用面条使用中筋度面粉制作，面身柔软而细滑，长度适中，厚度均匀，易于烹煮，便于咀嚼，易消化。宝宝专用面条强化了维生素和矿物质，为宝宝成长发育提供均衡营养；大多数宝宝专用面条都严格控制食盐含量，减轻宝宝肾脏负担。

主要营养素

DHA、蛋白质、B族维生素

准备时间 1分钟

烹饪时间 20分钟

用料

面粉 50克

生鸡蛋黄 1个

鱼汤 1碗

我要长牙牙了，嘴里好痒，吃点面疙瘩磨磨牙！

疙瘩汤

做法：

① 将面粉中加入适量水，用筷子搅成细小的面疙瘩。

② 将鱼汤倒入锅中，烧开后放入面疙瘩煮熟，淋入生鸡蛋黄搅匀即可。

功效：

使用鱼汤做成的疙瘩汤，富含DHA、蛋白质、B族维生素，口感细腻、易于消化吸收，宝宝在添加辅食的初期经常食用，能促进大脑发育，让宝宝更聪明。

红薯红枣粥

做法：

① 红薯洗净后，去皮，切成薄片；红枣洗净后，去核，也切成薄片。

② 将大米淘洗干净后，加水大火煮开，再转小火，加入切成薄片的红薯和红枣，慢慢煮至大米与红薯熟烂后即可。

功效：

红薯红枣粥很适合做辅食，可使宝宝消化系统得到适应性锻炼。粥中所含的膳食纤维能促进肠道消化功能，所含的碳水化合物则对防止宝宝粪便干结有良好作用。

小餐椅的叮咛

鸡肉在肉类食品中是比较容易变质的，所以购买之后要马上放进冰箱里，可以在稍微迟一些的时候或第二天食用。鸡肉、鸡汤属于热性食物，风热型感冒发烧的宝宝忌食。

大米香菇鸡丝汤

做法：

① 黄花菜洗净、切段；香菇用水浸泡后，去蒂、洗净，切丝。

② 鸡肉洗净、切丝；大米淘净。

③ 将大米、黄花菜段、香菇丝放入锅内煮沸，再放入鸡丝煮至粥熟，取汤即可。

功效：

香菇中富含B族维生素、钙、磷、铁等成分，宝宝常吃可健体益智。香菇还能抗感冒病毒，可以避免宝宝患感冒的情况。

主要营养素

牛磺酸、DHA

准备时间 5分钟

烹饪时间 20分钟

用料

大米 30克

鱼肉 50克

葱花 适量

香菜 适量

鱼肉粥

做法：

① 鱼肉洗净去刺，剁成泥；大米淘净。

② 将大米入锅煮成粥，煮熟时下入鱼泥、香菜、葱花煮沸即可。

功效：

鱼肉中的牛磺酸可抑制胆固醇合成，促进宝宝视力的发育；鱼肉中的DHA对宝宝智力发育和视力发育至关重要。因此，宝宝宜常吃鱼肉，每周2~3次为佳。

小餐椅的叮咛

豆腐虽含钙丰富，但若单食豆腐，人体对钙的吸收利用率颇低。若将豆腐与维生素D含量高的食物同煮，可使人体对钙的吸收率提高20多倍，如鱼头烧豆腐，妈妈可以在宝宝大一点后做给宝宝食用。

黏黏滑滑的，很适合天真无牙的我！

主要营养素

蛋白质、钙、镁

准备时间 5分钟

烹饪时间 20分钟

用料

香菇 2朵

苹果 半个

豆腐 适量

葱花 适量

香菇苹果豆腐羹

做法：

① 香菇洗净泡软后，切碎，用搅拌机打成蓉。

② 豆腐切成小丁，与香菇蓉、葱花一起煮烂制成豆腐羹。

③ 苹果洗净，去皮，去核，切成块，放入搅拌机搅打成蓉。

④ 豆腐羹冷却后，加入苹果蓉拌匀即可。

功效：

香菇苹果豆腐羹含有丰富的蛋白质以及钙、镁等矿物质，宝宝食用后容易消化，吸收好。经常食用能提高宝宝的记忆力和精神集中力。

大米蛋黄粥

做法：

① 大米淘洗干净，用水浸泡半小时。

② 将大米放入锅中，加水适量，大火煮沸后换小火煮20分钟。

③ 将鸡蛋打开，取出蛋黄打散，倒入粥中搅匀，煮沸即可。

功效：

营养专家称鸡蛋为“完全蛋白质模式”，鸡蛋还被人们誉为“理想的营养库”。对宝宝而言，鸡蛋的蛋白质品质最佳，仅次于母乳。鸡蛋含有铁、蛋白质、维生素、钙、锌、核黄素、DHA和卵磷脂等人体所需的营养物质，是宝宝的理想食品。

主要营养素

氨基酸、有机酸

准备时间 5分钟

烹饪时间 10分钟

用料

苹果 1个

桂花 适量

米粉 适量

小餐椅的叮咛

为了保持水分，让果体鲜亮有卖相，苹果被人为打上工业石蜡。妈妈在制作辅食时最好削掉苹果皮，除非能够确认苹果皮上没有蜡，否则会对宝宝健康不利。

妈妈，桂花树长什么样啊？它的花怎么这么香啊！

苹果桂花羹

做法：

① 苹果洗净，去掉皮、核，放入榨汁机中榨汁。

② 取苹果汁入锅煮沸，调入米粉，搅匀成羹，撒上桂花略煮即可。

功效：

苹果桂花羹可保护宝宝肺部免受空气中灰尘和烟尘的影响。苹果中含7种必需氨基酸，有助于宝宝成长发育。苹果含有丰富的有机酸，可刺激消化液分泌，帮助宝宝消化。苹果含有的膳食纤维，能促进宝宝胃肠功能正常运转。

胡萝卜粥

做法：

① 胡萝卜洗净后切成小碎块；大米淘洗干净，浸泡1小时。

② 大米加水小火熬煮成粥，加入胡萝卜块继续熬至软烂即可。

功效：

胡萝卜含有多种营养成分，其中胡萝卜素含量较高，胡萝卜素进入人体内，在肠道和肝脏内可转变为维生素A，有保护眼睛、促进生长发育、增强抵抗力的功能。

小餐椅的叮咛

山药削皮后或者切开处与空气接触会变成紫黑色，这是山药中所含的一种酶所导致的，将去皮后的山药放入清水或加醋的水中可以防止变色。

山药是药吗？但是吃起来一点都不苦，还很好吃呢。

主要营养素

蛋白质、B族维生素

准备时间 1小时

烹饪时间 15分钟

用料

山药 30克

大米 50克

葱花 适量

山药羹

做法：

① 大米淘洗干净，入水浸泡1小时；山药去皮洗净，切成小块。

② 将大米和山药块一起放入搅拌机中打成汁。

③ 锅上火，倒入山药大米汁搅拌，撒上葱花，用小火煮至羹状即可。

功效：

山药中含有蛋白质、B族维生素、维生素C、维生素E、碳水化合物、氨基酸、胆碱等营养成分。山药作为高营养食品，非常适合腹泻的宝宝补充营养素。

鱼泥豆腐苋菜粥

做法：

① 豆腐洗净切丁；苋菜择洗干净，用开水焯一下，切碎。

② 鱼肉放入盘中，入锅隔水蒸熟，去刺，压成泥。

③ 将大米淘洗干净，加水，煮成粥，加入鱼肉泥、豆腐丁与苋菜末，煮熟即可。

功效：

鱼肉含蛋白质、钙、磷及维生素等营养成分，营养价值较高。苋菜含有丰富的铁、钙和维生素K，可以增加人体血红蛋白含量并提高其携氧能力，促进宝宝的造血功能。

主要营养素

蛋白质、钙、铁

准备时间 5分钟

烹饪时间 20分钟

用料

鱼肉 30克

豆腐 15克

苋菜 20克

大米 30克

紫菜豆腐粥

做法：

① 大米淘洗干净，浸泡半小时；将豆腐洗净，切成小丁；紫菜漂洗干净，切碎。

② 大米加水熬成粥，加入豆腐丁、紫菜，转小火再煮至豆腐熟即可。

小餐椅的叮咛

豆腐中含有极为丰富的蛋白质，但一次食用过多不仅阻碍人体对铁的吸收，而且容易引起蛋白质消化不良，出现腹胀、腹泻等不适症状。所以妈妈在制作辅食时，要注意控制豆腐添加的量。

主要营养素

蛋白质、维生素A、核黄素

准备时间  30分钟

烹饪时间 20分钟

用料

豆腐 30克

紫菜 10克

大米 适量

功效：

紫菜富含蛋白质、维生素等营养成分。紫菜中所含的蛋白质与大豆差不多，是大米的6倍；维生素A约为牛奶的67倍；核黄素比香菇多9倍；维生素C为卷心菜的70倍。紫菜含有胆碱、胡萝卜素等，能提高宝宝的免疫力。

主要营养素

蛋白质、维生素C、胡萝卜素

准备时间 1小时

烹饪时间 20分钟

用料

大米 50克

冬瓜 20克

冬瓜粥

做法:

① 大米淘洗干净,浸泡1小时;冬瓜洗净,去皮,切成小丁。

② 将冬瓜和大米一起熬煮成粥即可。

功效:

冬瓜含有蛋白质、维生素C、胡萝卜素、膳食纤维和钙、磷、铁等营养成分,且钾盐含量高,钠盐含量低。常食用可清热解毒、利尿去火,很适宜宝宝夏天食用。

小餐椅的叮咛

豌豆一定要煮烂了才能给宝宝食用。妈妈在喂食时，可以用勺子将豌豆压碎后给宝宝食用。千万不要给宝宝吃整粒豌豆，以免发生危险。

主要营养素

铜、铬、维生素C

准备时间 30分钟

烹饪时间 20分钟

用料

大米 40克

豌豆 15克

妈妈今天做的饭饭里有可爱的豆豆，真好看！

豌豆粥

做法：

① 将大米、豌豆洗净后浸泡30分钟。

② 将大米、豌豆放入锅中，加适量水，大火煮沸后，转小火慢煮至熟烂。

功效：

豌豆含铜、铬等微量元素较多，铜有利于造血以及骨骼和脑的发育。豌豆还富含维生素C，可以提高宝宝的免疫力。

以往辅食翻新做

7个月的宝宝体格发育速度较以前减慢，自主活动明显增多，每天的热能消耗不断增加，对辅食也越来越多地显示出个人的爱好，喂养上也随之有了一定的要求，因此其饮食结构也要随之变化。妈妈要尝试增加新口味，丰富宝宝味觉，促进宝宝健康发育。

主要营养素

铁、维生素A

准备时间 3分钟

烹饪时间 5分钟

用料

樱桃 100克

樱桃汁

做法：

① 樱桃洗净后去梗、去核。

② 将樱桃放入榨汁机中，加适量温开水榨成樱桃汁即可。

功效：

樱桃含铁量居水果首位，维生素A含量比葡萄、苹果、橘子多4~5倍。宝宝经常食用樱桃，可以补充体内对铁元素的需求，促进血红蛋白再生，既可防治缺铁性贫血，又可增强宝宝体质。

小餐椅的叮咛

给宝宝做黄瓜汁剩下的黄瓜渣配以蜂蜜调制，妈妈可以用来制作面膜哦，材料可是一点都不浪费。

主要营养素

蛋白质、钙、磷、铁、维生素C

准备时间 3分钟

烹饪时间 5分钟

用料

黄瓜 1根

妈妈，黄瓜的汁液为什么是绿色的呀？

黄瓜汁

做法：

① 将黄瓜洗净，去皮，切成小块。

② 将黄瓜块放入榨汁机，加适量的温开水，榨成汁即可。

功效：

黄瓜富含蛋白质、钙、磷、铁、钾、胡萝卜素、维生素B_2、维生素C、维生素E及烟酸等营养成分。黄瓜中含有的维生素C有提高人体免疫功能的作用，可以让宝宝远离疾病；黄瓜中的维生素B_1，可以促进宝宝大脑和神经系统功能发育。

西瓜桃子汁

做法：

① 将桃子洗净，去皮，去核，切成小块；西瓜瓤切成小块，去掉西瓜子。

② 将桃子块和西瓜块放入榨汁机中，加入适量温开水，榨汁即可。

功效：

西瓜桃子汁不但含有宝宝容易消化吸收的碳水化合物，还含有胡萝卜素及多种矿物质，可以促进宝宝的生长发育。桃子富含果胶，宝宝经常食用可以预防便秘，但每天不要食用太多。

绿豆汤

做法：

① 将绿豆淘洗干净，用水浸泡1小时。

② 将绿豆倒入锅中，先用大火煮沸，后转小火煮至绿豆烂熟。

③ 取上层汤，晾温后给宝宝食用即可。

功效：

绿豆含有蛋白质、钙、磷、铁、胡萝卜素等营养成分。夏天宝宝出汗多，水液损失很大，钾的流失量多，体内的电解质平衡遭到破坏，用绿豆煮汤来补充是最理想的方法。

主要营养素

β-胡萝卜素、植物蛋白

准备时间 3分钟

烹饪时间 5分钟

用料

芒果 1个

椰子汁 50克

芒果椰子汁

做法：

① 芒果洗净，去皮，去核；将芒果肉与适量的温开水一起放入榨汁机榨汁。

② 将芒果汁兑入等量的椰子汁中即可。

功效：

椰子汁被称为“植物牛奶”，含有β-胡萝卜素，可促进宝宝的生长发育，增强宝宝的抵抗力。芒果椰子汁含有大量植物蛋白以及多种人体所需的氨基酸和锌、钙、铁等微量元素，是氨基酸含量非常高的天然饮品。

小餐椅的叮咛

制作时，芹菜不要去叶，因为芹菜叶中营养成分含量远远高于芹菜茎中含量：叶子中胡萝卜素含量是茎的88倍，维生素C的含量是茎的13倍，维生素B含量是茎的17倍，蛋白质含量是茎的11倍，钙含量超过茎2倍。

主要营养素

蛋白质、铁

准备时间 2分钟

烹饪时间 10分钟

用料

苹果 半个

芹菜 50克

苹果芹菜汁

做法：

① 将芹菜择洗干净，切成小段。

② 苹果洗净，去皮，去核，切成小块。

③ 将芹菜段、苹果块放入榨汁机中，加适量温开水，榨汁即可。

功效：

芹菜富含蛋白质、钙、磷、铁等营养成分，其中蛋白质含量比一般瓜果蔬菜高1倍，铁含量为西红柿的20倍左右。芹菜中还含丰富的胡萝卜素和多种维生素，对宝宝健康十分有益。

主要营养素

蛋白质、维生素B_6。

准备时间 7分钟

烹饪时间 20分钟

用料

青菜 50克

玉米面 适量

青菜玉米糊

做法：

① 青菜择洗干净，放入锅中焯熟，捞出晾凉后切碎并捣成泥。

② 锅内加水烧开，边搅边倒入玉米面，防止糊锅底和外溢。

③ 玉米面煮熟后放入青菜泥调匀即可。

功效：

玉米面营养丰富，含有蛋白质、多种维生素及微量元素。玉米中的维生素B_6、烟酸等成分，具有刺激胃肠蠕动，加速排便的功能，可防治宝宝便秘、肠炎等不适症状。

小餐椅的叮咛

蒸煮红薯时，适当延长蒸煮的时间，宝宝食用后就不会出现腹胀、烧心、打嗝、反胃等不适。

今天妈妈做的饭饭真好吃，吃在嘴里甜甜的，颜色我也好喜欢！

主要营养素

蛋白质、赖氨酸

准备时间 1小时

烹饪时间 20分钟

用料

大米 30克

红薯 半个

红薯米糊

做法：

① 大米洗净，浸泡1小时；红薯洗净，不去皮，切成小丁。

② 把大米倒入豆浆机中，加适量的水打成米糊。

③ 将米糊倒入锅中，加入红薯丁，上火煮熟即可。

功效：

红薯米糊是一款粗粮细作的健康营养米糊。红薯含有蛋白质、磷、钙、铁、胡萝卜素、维生素等多种人体必需的营养物质。红薯中赖氨酸和精氨酸含量都较高，对宝宝的发育和免疫力都有良好作用。

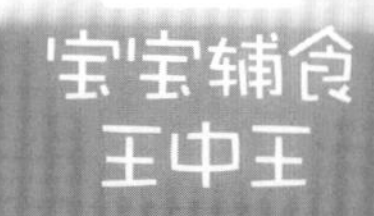

宝宝辅食
王中王

8个月宝宝体格发育指标

8个月	体重（千克）	身高（厘米）	头围（厘米）
男宝宝	9.33±1.01	72.3±4.0	45.0±1.2
女宝宝	8.83±0.85	69.8±1.8	43.8±1.3

第六章
8个月，能喝肉汤了

一天6顿饭怎么吃

主食: 母乳或配方奶

辅食: 肉汤、鱼肉、肉末、花样粥、烂面条、果汁

餐次: 每4~5小时1次，每天6次

第1顿: 母乳或配方奶

第2顿: 花样粥（肉末、果汁）

第3顿: 母乳或配方奶

第4顿: 母乳或配方奶

第5顿: 鱼肉（烂面条、肉汤）

第6顿: 母乳或配方奶

（具体奶量和夜奶视宝宝实际需求添加）

本月的宝宝除了继续添加上个月添加的辅食，还可以多添加一些蛋白质类辅食，如豆腐、鱼、肉末等。因为宝宝的胃液已经可以充分发挥消化蛋白质的作用。无论是否长出乳牙，都应该给宝宝吃半固体食物了，如花样粥、蛋黄羹等。宝宝的各种能力都是要锻炼的，比如咀嚼功能，现在这个时期正是让宝宝锻炼咀嚼的关键期，如果错过了这个时期，那么宝宝以后在吃固体食物上就会遇到困难或者不喜欢吃固体食物。有的宝宝开始尝试自己动手吃饭，虽然可能把饭弄得到处都是，但爸爸妈妈不能放弃尝试，可选择一个漂亮的小围嘴或罩衣，尽可能让宝宝尽情享受吃饭的乐趣！

新加的饭饭

本月的宝宝添加辅食主要目的之一是补充铁，否则宝宝可能会出现贫血。除了继续添加上个月添加的辅食，还可以添加肉汤、肉末、豆腐、整个鸡蛋黄、整个苹果、鱼肉丸子、各种菜泥或碎菜。值得注意的是，未曾添加过的新辅食，不能一次添加两种或两种以上。

主要营养素

蛋白质、低聚糖、硒

准备时间 10分钟

烹饪时间 20分钟

用料

芋头 50克

牛肉 50克

芋头丸子汤

做法：

① 芋头削去皮，洗净，切成丁。

② 将牛肉洗净，切成碎末，切好的肉末加一点点水沿着一个方向搅上劲，做成丸子。

③ 锅内加水，煮沸后，下入牛肉丸子和芋头丁，煮沸后再小火煮熟即可。

功效：

芋头丸子汤富含蛋白质、钙、磷、铁、胡萝卜素、硫胺素、抗坏血酸等营养物质，还含有丰富的低聚糖，低聚糖能增强宝宝身体的免疫力。另外，芋头含硒量也较高，可以让宝宝的眼睛更明亮！

小餐椅的叮咛

给宝宝食用丸子时，不要将一整个丸子喂给宝宝，以免发生危险。最安全的方式是用勺子将丸子分成若干小块，慢慢喂食。

主要营养素

蛋白质、氨基酸、铁

准备时间 5分钟

烹饪时间 2小时

用料

南瓜 100克

牛肉 100克

南瓜牛肉汤

做法：

① 南瓜去皮，洗净，切成小丁；牛肉洗净，切成小丁，汆水后捞出。

② 在锅内放入适量水，大火煮开后放入牛肉丁，煮沸后，转小火煲约2小时，牛肉软烂时放入南瓜丁煮熟即可。

功效：

牛肉是食材中的“肉类之王”，富含蛋白质、氨基酸，能提高人体抵抗力，特别适合生长发育期的宝宝食用。牛肉富含铁，尤其适合缺铁性贫血的宝宝食用。

青菜胡萝卜鱼丸汤

做法：

① 将鱼肉剔除鱼刺，剁成泥，制成鱼丸；青菜择洗干净，用开水焯一下，剁碎；胡萝卜洗净，切成丁；海带洗净，切成丝；土豆去皮洗净，切成丁。

② 锅内加入适量水，放入海带丝、胡萝卜丁、土豆丁煮软，再放入青菜、鱼丸煮熟即可。

功效：

青菜是蔬菜中含矿物质和维生素最丰富的菜。青菜中所含的钙、磷能够促进宝宝骨骼的发育，增强宝宝机体的造血功能。鱼丸含有丰富的DHA，可提高宝宝脑细胞活力，让宝宝更加聪明、活泼。

主要营养素

钙、磷、DHA

准备时间 20分钟

烹饪时间 20分钟

用料

青菜 2棵

鱼肉 50克

海带 20克

胡萝卜 半根

土豆 半个

小餐椅的叮咛

宝宝的肠胃发育还不是很健全，纯排骨汤对宝宝来说偏油腻，妈妈要把汤上面的油去掉后再给宝宝喝，也可以在汤里加些蔬菜，使营养更均衡，口感更清爽，宝宝会更喜欢！

主要营养素

维生素、氨基酸、钙

准备时间 10分钟

烹饪时间 1小时

用料

排骨 100克 山药 50克

胡萝卜 半根 枸杞子 5颗

山药和胡萝卜全都被妈妈煮得软软的，我吃得很开心哦！

山药胡萝卜排骨汤

做法：

① 将排骨洗净，汆水；山药去皮，洗净，切块；胡萝卜洗净，切块。

② 将排骨放入锅中，加适量水，大火煮开后转小火煮30分钟左右，放山药块、胡萝卜块、枸杞子，煮至排骨和山药软烂即可。

功效：

山药富含多种维生素、氨基酸和矿物质，胡萝卜能提供丰富的维生素A，这些营养成分都有增强宝宝免疫力的作用，搭配排骨一起炖煮，味道清爽、汤鲜味美，尤其是丰富的钙质可促进宝宝骨骼的生长。

栗子粥

做法：

① 将栗子去壳、洗净，煮熟之后去皮，切碎。

② 大米淘洗干净，用水浸泡30分钟。

③ 锅中放入适量水，将大米倒入，小火煮成粥，再放入切碎的栗子同煮5分钟即可。

功效：

栗子含有蛋白质、B族维生素等营养成分。鲜栗子所含的维生素C比西红柿还要多，能够维持宝宝牙齿、骨骼、血管和肌肉的正常功用。多食栗子粥，可增强宝宝免疫力，预防感冒等疾病及促进钙、铁的吸收。

刚吃了两顿肉，又给吃素了！妈妈我噘嘴了！

小餐椅的叮咛

豆腐和一些草酸含量较高的绿叶菜搭配制作宝宝辅食时，应先将青菜在开水中焯一下再和豆腐一起烹调，以免影响豆腐中钙的吸收。

主要营养素

维生素、钙

准备时间 3分钟

烹饪时间 15分钟

用料

豆腐 50克

青菜 2棵

虾皮 适量

豆腐青菜虾皮汤

做法：

① 豆腐切成丁；青菜洗净，入沸水锅中焯一下，沥水切碎。

② 将豆腐丁、青菜末、虾皮放入锅中，加适量水煮熟即可。

功效：

青菜是含维生素和矿物质最丰富的蔬菜之一，为宝宝的生长发育提供营养。豆腐营养丰富，但膳食纤维比较缺乏，与青菜搭配食用，正好能弥补豆腐的这一缺点，提高宝宝的辅食营养。

栗子红枣羹

做法：

① 将栗子去壳、洗净，煮熟之后去皮；红枣泡软后去核；大米洗净。

② 锅内放入大米，加入适量水，煮至米熟后放入栗子、红枣，烧沸后改小火煮5分钟即可。妈妈喂食时，须将栗子、红枣捣烂喂给宝宝。

功效：

栗子含有丰富的蛋白质、多种维生素以及钙、磷、铁、钾等营养成分，搭配红枣添加到宝宝辅食中，不但可以提高宝宝的免疫力，还能让宝宝的大脑更灵活。

主要营养素

蛋白质、维生素、钙、磷

准备时间 2分钟

烹饪时间 20分钟

用料

栗子 5颗

红枣 5颗

大米 适量

主要营养素

胡萝卜素、蛋白质

准备时间 5分钟

烹饪时间 20分钟

用料

土豆 1个

胡萝卜 半根

肉末 适量

小餐椅的叮咛

肉末最好是妈妈现剁的，会更加美味可口。剁肉的刀面上常常附着一层油脂，不易清洗。如果在剁肉前把菜刀放到热水中浸泡3~5分钟，取出后再用姜片在刀面上擦拭几下，剁肉时肉末就不会粘刀，清洗也比较容易。

哈哈，土豆泥里还有小肉肉嗯。吃着真带劲！

土豆胡萝卜肉末羹

做法：

① 将土豆洗净去皮，切成小块；胡萝卜洗净，切成小块；将土豆块、胡萝卜块放入搅拌机，加适量水打成泥。

② 把胡萝卜土豆泥与肉末放在碗中拌匀，上锅蒸熟即可。

功效：

胡萝卜含有胡萝卜素、蛋白质、钙、磷、铁、核黄素、烟酸、维生素C等多种营养成分，与土豆、肉末搭配食用，有保护视力，促进生长发育，提高免疫力的功效。

主要营养素

磷脂、蛋白质、钙、氨基酸

准备时间 3分钟

烹饪时间 20分钟

用料

豆腐 30克 鸡肉 10克

香菇 1朵 虾仁 3个

菠菜 1棵 高汤 1碗

百宝豆腐羹

做法：

① 将鸡肉、虾仁洗净剁成泥；香菇泡发后去蒂，洗净，切丁；菠菜焯水后切末；豆腐压成泥。

② 高汤入锅，煮开后放鸡肉泥、虾仁泥、香菇丁，再煮开后，放入豆腐泥和菠菜末，小火煮至熟即可。

功效：

百宝豆腐羹营养丰富、均衡，鸡肉、虾仁含有对宝宝生长发育非常重要的磷脂类，是宝宝膳食结构中脂肪和磷脂的重要来源之一。香菇、豆腐、菠菜，颜色鲜艳、口感丰富，能增加宝宝的食欲，对营养不良、肠胃虚弱的宝宝有很好的食疗效果。

小餐椅的叮咛

绿豆南瓜汤做好后，上面会漂一层绿豆皮，妈妈们可以用漏勺捞去绿豆皮，将绿豆捣烂，再给宝宝食用。

南瓜块不大不小正好，我一口就能吃一个。

主要营养素

维生素、胡萝卜素、锌

准备时间 5分钟

烹饪时间 1小时

用料

绿豆 30克

南瓜 200克

绿豆南瓜汤

做法：

① 将南瓜去皮，洗净，切成小丁；绿豆用水洗净。

② 将绿豆放入锅中，加适量水，大火烧开，改小火煮30分钟左右，至绿豆开花时，放入南瓜丁，用中火烧煮20分钟左右，煮至汤稠浓即可。

功效：

南瓜富含维生素、胡萝卜素、锌、铁、磷等营养成分。南瓜中含有的锌，参与人体核酸、蛋白质的合成，是促进宝宝生长发育的重要物质。绿豆南瓜汤适宜夏季给宝宝食用，有消暑开胃的功效。

蛋黄豆腐羹

功效：

蛋黄豆腐羹中蛋白质含量丰富，滑嫩爽口、易消化，适宜于宝宝食用。豆腐中丰富的卵磷脂有益于宝宝神经、血管、大脑的发育生长，可以提高宝宝的记忆力。

做法：

① 将豆腐洗净，捣烂成泥；锅中放入适量水，倒入豆腐泥，熬煮至汤汁变少。

② 将熟蛋黄压碎，放入锅里煮片刻即可。

海带滑滑嫩嫩的，汤也很鲜，喝起来很爽口呢！

小餐椅的叮咛

选海带时要选叶宽、质地厚实、颜色褐绿或土黄色的为宜，不要选颜色发黄的海带。

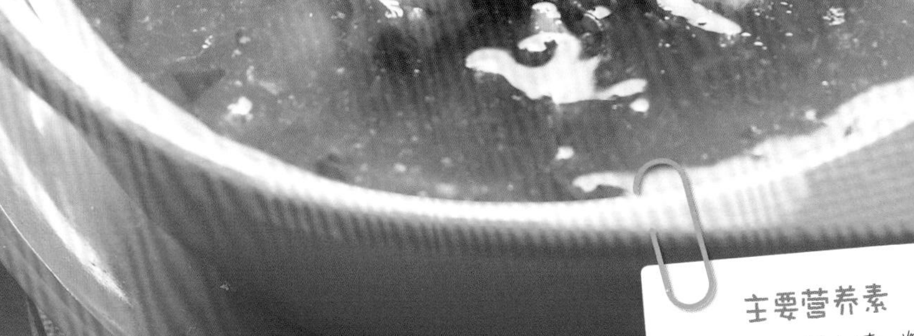

主要营养素

碘、铁、胡萝卜素、烟酸

准备时间 5分钟

烹饪时间 20分钟

用料

肉末 20克

海带 30克

肉末海带羹

做法：

① 海带洗净后切成细丝。

② 锅内加水煮开后，放入海带丝煮熟，然后放入肉末，边煮边搅，煮开3分钟即可。

功效：

海带含有碘、铁、钙、甘露醇、胡萝卜素、维生素、烟酸等人体所需的营养成分。海带含碘量高，有促进宝宝大脑发育的作用。干海带所含的烟酸比大白菜、芹菜高5倍多，更利于促进宝宝的新陈代谢。

主要营养素
B族维生素
准备时间 1小时
烹饪时间 30分钟

用料
绿豆 30克
大米 60克

绿豆粥

做法：

① 绿豆、大米洗净后，浸泡1小时。

② 将泡好的绿豆、大米放入锅内，加适量水，煮成粥即可。

功效：

大米是B族维生素的主要来源，能刺激胃液的分泌，有助于提高宝宝的消化能力。炎炎夏日，宝宝食用绿豆粥，既可补充人体丢失的营养成分，又可发挥止泻、抗过敏等作用。

小餐椅的叮咛

妈妈在给宝宝制作苹果玉米羹时，烧沸后一定要改用小火，否则苹果玉米羹很容易从锅里溢出来，流满灶具。

主要营养素

谷氨酸、维生素、膳食纤维

准备时间 3分钟

烹饪时间 10分钟

用料

苹果 半个

熟鸡蛋黄 1个

玉米面 25克

苹果玉米羹

做法：

① 苹果洗净去皮，切丁；熟鸡蛋黄研末。

② 玉米面用凉水调匀，倒入锅中，边煮边搅动。

③ 开锅后放入苹果丁和蛋黄末，小火煮5分钟即可。

功效：

玉米含有较多的谷氨酸，有健脑的作用，它能帮助和促进脑细胞的新陈代谢，让宝宝更聪明。苹果含有多种维生素、矿物质、脂肪等，是大脑必需的营养成分。苹果中的膳食纤维能促进生长和发育，苹果中的锌能增强宝宝的记忆力。

黄豆芝麻粥

做法：

① 黄豆洗净后浸泡2小时；大米淘洗干净，浸泡1小时。

② 将大米、黄豆放入锅中，加适量水煮粥，煮至黄豆软烂，再加入黑芝麻搅拌均匀即可。

功效：

黄豆含植物性蛋白质，有“植物肉”的美称。黄豆内还含有一种脂肪物质叫亚油酸，能促进宝宝的神经发育，让宝宝更聪明。黄豆富含卵磷脂，它是大脑的重要组成成分之一，卵磷脂中的甾醇可增强宝宝神经机能和活力。

燕麦南瓜粥

做法：

① 大米淘洗干净，用水泡1小时；南瓜洗净，削皮，切小块。

② 大米放入锅中，加水煮成粥后放入南瓜块，小火煮10分钟，再加入燕麦，继续小火煮10分钟即可。

功效：

燕麦富含蛋白质、磷、铁、钙等营养素，与其他粗粮相比，其所含人体必需的8种氨基酸均居首位，而且在调理消化道功能方面，所含的维生素B_1、维生素B_{12}更是功效卓著，特别适合便秘的宝宝食用。

主要营养素

蛋白质、磷、钙、氨基酸

准备时间 1小时

烹饪时间 30分钟

用料

燕麦 30克

大米 50克

南瓜 50克

小餐椅的叮咛

燕麦不能用水淘洗，否则会使燕麦里所含的水溶性维生素大量流失。燕麦里含的膳食纤维比较多，不容易消化，也容易使宝宝过敏，最好晚一点给宝宝吃。过敏体质的宝宝在吃燕麦的时候更要小心，一定要从少量开始慢慢添加，并要注意观察有没有过敏反应。

以往辅食翻新做

专家建议，8个月的宝宝要注意面粉类食物的添加，面粉类食物所含的营养成分主要为碳水化合物，可以为宝宝提供每天活动与生长所需的热量，另外还有一定含量的蛋白质，能促进宝宝身体组织的生长。

主要营养素

碳水化合物、蛋白质、膳食纤维

准备时间 5分钟

烹饪时间 15分钟

用料

面粉 70克

生鸡蛋黄 1个

青菜 20克

鸡蛋面片

做法：

① 将面粉放在大碗内，蛋黄打散倒入面粉中，加适量水，揉成面团。

② 将揉好的面团擀薄，切成小片；青菜择洗干净，切碎。

③ 锅内加入适量的水，烧开后放面片；面片将熟时，放入切碎的青菜略煮即可。

功效：

面片含碳水化合物和蛋白质两大营养素，前者主要提供宝宝所需能量，后者是宝宝组织细胞生长的基础。青菜含有丰富的膳食纤维，和面片一起煮食，不但可以丰富辅食的口感，还能促进宝宝的肠胃蠕动，防止宝宝便秘。

西红柿烂面条

做法：

① 将西红柿洗净后用热水烫一下，去皮，捣成泥。

② 将面条掰碎，放入锅中，煮沸后，放入西红柿泥，煮熟即可。

功效：

西红柿烂面条含有丰富的维生素、矿物质、碳水化合物、有机酸及少量的蛋白质。西红柿中的柠檬酸、苹果酸等有机酸，可增加胃液酸度，帮助消化，调理宝宝的肠胃功能。西红柿还含有丰富的维生素A原，在体内转化为维生素A，可以促进宝宝的骨骼钙化，防止宝宝患佝偻病和眼病。

别看面条烂，我照样能用小嘴吸着吃！再不行，我直接上手抓！

主要营养素

维生素、矿物质、有机酸

准备时间 5分钟

烹饪时间  20分钟

用料

宝宝面条 30克

西红柿 1个

小餐椅的叮咛

未成熟的西红柿尽量不要用来制作辅食。因为未成熟的西红柿中含有大量的生物碱，宝宝肠胃还比较脆弱，如果食用会出现恶心、呕吐、流口水等中毒症状，对宝宝的健康不利。

主要营养素

赤霉素、植物凝素、蛋白质

准备时间 30分钟

烹饪时间 30分钟

用料

大米 40克

豌豆 20克

生鸡蛋黄 1个

蛋花豌豆汤

做法:

① 将大米、豌豆洗净后，浸泡30分钟。

② 将泡好的大米、豌豆放入锅中，加适量的水，大火煮沸后，转小火慢煮至大米、豌豆熟烂。

③ 把生鸡蛋黄打散成蛋液，慢慢倒入锅中，搅匀，再稍煮片刻即可。

功效:

豌豆所含的赤霉素和植物凝素等物质，具有抗菌消炎，增强宝宝身体新陈代谢的功能。与大米、蛋黄同煮，颜色搭配漂亮，不仅能增强宝宝的食欲，而且所含的优质蛋白、不饱和脂肪酸、维生素等营养成分，可以有效地促进宝宝的生长发育。

妈妈说，鸭血豆腐汤吃了对身体好。所以我要尝试下！

小餐椅的叮咛

鸭血有排毒作用，能润肠通便，很适合大便干结的宝宝食用。腹泻的宝宝不宜吃鸭血。腹泻宝宝食用会使症状加重，增加治疗的难度。

主要营养素

铁、蛋白质、氨基酸

准备时间 3分钟

烹饪时间 10分钟

用料

鸭血 50克

豆腐 50克

鸭血豆腐汤

做法：

① 鸭血、豆腐洗净，分别切成小块。

② 锅内放适量的水，下鸭血块、豆腐块煮熟即可。

功效：

鸭血被称为“液体肉”，是宝宝补铁食谱中不能缺少的食材之一。鸭血同时还具清洁血液、解毒的功效，不但可以代谢出宝宝体内的重金属，还可以清除被蚊虫叮咬后的余毒，保护宝宝的肝脏不受有毒元素的伤害。为宝宝煮一碗鸭血豆腐汤，让宝宝在补充蛋白质的同时，既补铁又护肝。

香菇鱼丸汤

做法：

① 香菇洗净，切成小块，焯水；豆腐洗净，切成丁。

② 锅内倒入水烧开，放入香菇块、鱼丸，煮开至鱼丸浮起，放入豆腐丁略煮即可。

功效：

香菇鱼丸汤是一款高蛋白、低脂肪，含多种氨基酸和维生素的宝宝辅食，可以提高机体免疫功能，增强宝宝对疾病的抵抗能力。此款辅食还适于消化不良、便秘的宝宝食用。

主要营养素

胡萝卜素、维生素、锌

准备时间 10分钟

烹饪时间 15分钟

用料

青菜 2棵

冬瓜 50克

我吃过南瓜、西瓜，今天又吃冬瓜，到底有多少种瓜啊？

青菜冬瓜汤

做法：

① 青菜洗净，切碎；冬瓜去皮洗净，切成薄片。

② 将适量水放入锅中，再放入切碎的青菜和冬瓜，煮沸后转小火炖煮5分钟左右即可。

功效：

青菜冬瓜汤含有丰富的胡萝卜素、维生素、膳食纤维、核黄素等，其所含的微量元素锌高于肉类，是宝宝生长发育、免疫、内分泌等重要生理过程中必不可少的物质。青菜冬瓜汤还有利尿排湿的功效，是盛夏给宝宝清火的好辅食。

9个月宝宝体格发育指标

9个月	体重（千克）	身高（厘米）	头围（厘米）
男宝宝	9.69±1.02	72.8±2.3	45.4±1.2
女宝宝	9.13±0.82	71.0±2.2	44.4±1.2

第七章
9个月，开始吃虾啦

一天6顿饭怎么吃

主食： 母乳或配方奶

辅食： 虾仁、鸡蛋羹、花样粥、烂面条、肉末、鱼肉、豆制品

餐次： 每4~5小时1次，每天6次

第1顿： 母乳或配方奶

第2顿： 鸡蛋羹（花样粥、肉末）

第3顿： 母乳或配方奶

第4顿： 母乳或配方奶

第5顿： 烂面条（鱼肉、虾仁、豆制品）

第6顿： 母乳或配方奶

（具体奶量和夜奶视宝宝实际需求添加）

9个月的宝宝大部分都开始喜欢吃辅食，尤其是和爸爸妈妈一起进餐，是宝宝非常开心的一件事。母乳喂养的宝宝，即使本月母乳还比较充足，也不能供给宝宝每日营养所需，必须添加足量的辅食。配方奶喂养的宝宝每天喝4次牛奶，每次喝200毫升左右。不爱喝牛奶的宝宝，就要多吃些肉、蛋类食品，以补充蛋白质。9个月的宝宝能吃的辅食种类增多了，也能吃一些固体食物，咀嚼、吞咽功能都增强了。宝宝已经能吃整个的水果了，没有必要再榨成果汁、果泥。把水果皮削掉，切成小薄片、小块，直接吃就可以。不爱吃水果的宝宝，可以多吃些蔬菜，尤其是西红柿（含有丰富的维生素C）。

新加的饭饭

宝宝循序渐进的进食计划进行得很顺利，小牙齿越来越多的宝宝开始用牙床压碎食物了。这时候的辅食以细碎为主，食物可以不必制成泥或糊，有些蔬菜只要切成薄片就可以了，宝宝自己也不会喜欢流质或半流质的辅食了。

主要营养素

蛋白质、镁、钙

准备时间 10分钟

烹饪时间 10分钟

用料

豆腐 1块 虾仁 5个

植物油 适量

虾仁豆腐

做法：

① 豆腐洗净、切丁；虾仁切丁。

② 炒锅烧热，加适量油，放虾仁炒熟，再放豆腐丁同炒，翻炒均匀即可。

功效：

虾含有丰富的蛋白质，营养价值很高，还含有丰富的矿物质，如钙、磷、铁等。虾含有丰富的镁，对心脏活动具有重要的调节作用，能很好地保护心血管系统。虾中所含的磷、钙可以促进宝宝骨骼和牙齿的顺利生长，增强体质。

主要营养素

蛋白质、维生素

准备时间 3分钟

烹饪时间 30分钟

用料

鲜虾 3只

大米 50克

芹菜 30克

小餐椅的叮咛

虾忌与水果同吃，二者食用时间至少应间隔2小时。如果宝宝食用虾后出现皮疹，应停止摄入。

鲜虾粥

做法：

① 鲜虾洗净，去头，去壳，去虾线，剁成小丁；芹菜洗净，切碎。

② 大米淘洗干净，加水煮成粥，加芹菜末、鲜虾丁，搅拌均匀，煮3分钟即可。

功效：

鲜虾肉质细嫩，味道鲜美，并含有多种维生素及人体必需的微量元素，是高蛋白营养水产品，不但可以促进宝宝的生长发育，还能提高宝宝的免疫力。

主要营养素

维生素、蛋白质

准备时间 10分钟

烹饪时间 15分钟

用料

冬瓜 100克

鲜虾 5只

植物油 适量

鲜虾冬瓜汤

做法:

① 冬瓜洗净去皮切片；鲜虾去头，去壳，去虾线，洗净。

② 炒锅烧热，加适量的油，放入鲜虾煸炒片刻，加水烧开后，放入冬瓜片煮5分钟即可。

功效:

鲜虾冬瓜汤含有多种维生素和人体必需的微量元素，可调节人体的代谢平衡。此汤还有良好的清热解暑功效。夏季多饮此汤，可以解渴消暑，对于配方奶喂养以及胃口不佳的宝宝尤其适合。

小餐椅的叮咛

最简单地去虾线技巧：一手拿虾，一手拿牙签轻轻在虾头和虾身连接的第一个关节向外挑，虾线就会被挑出。一般靠近虾头一边的虾线会先挑出来，慢慢用手拽虾线，虾线靠近尾部的一端就会全部拉出来。

主要营养素

蛋白质、钾、碘

准备时间 20分钟

烹饪时间 15分钟

用料

鲜虾 5只 肉末 50克

胡萝卜 半根 小白菜 2棵

香菜 适量

虾仁丸子汤

做法：

① 鲜虾去头，去壳，去虾线，洗净；胡萝卜洗净切成末；小白菜洗净切小段。

② 将肉末、胡萝卜末放入碗中搅匀。

③ 锅内加水煮沸，将胡萝卜肉泥做成丸子，下入锅中，再放入鲜虾，煮10分钟，放小白菜稍煮，出锅前撒上香菜即可。

功效：

鲜虾营养丰富，蛋白质的含量是鱼、蛋、奶的几倍到几十倍；还含有丰富的钾、碘、镁、磷等矿物质，配上肉丸和小白菜，口感更加丰富，营养也更全面，对肠胃弱的宝宝是极好的一道辅食。

清蒸鲈鱼

做法：

① 鲈鱼去鳞，去鳃，去内脏，洗净后在鱼身两面划上刀花，放入蒸盘中。

② 在鱼身上撒上葱花、姜末，水开后上锅蒸8分钟左右即可。

功效：

鲈鱼富含蛋白质、维生素A、B族维生素、钙、镁、锌、硒等营养元素，具有补肝肾、益脾胃、化痰止咳之效，对肝肾不足的宝宝有很好的补益作用。清蒸鲈鱼不仅口感鲜美，还能最大限度地保存营养，非常适合宝宝食用。

小餐椅的叮咛

适合宝宝辅食的去鱼腥方法：一是橘皮去味法，烧鱼的时候放入一点橘皮，可去腥；二是盐水去味法，把活鱼泡在盐水中，盐水通过两鳃浸入血液，1小时后洗净，腥味就减少许多。

主要营养素

蛋白质、微量元素、维生素

准备时间 10分钟

烹饪时间 20分钟

用料

青菜 50克 鱼肉 100克

高汤 适量 豆腐 适量

青菜鱼片

做法：

① 青菜洗净切段；鱼肉洗净去刺，切片；豆腐切片。

② 锅内加入高汤，放入青菜烧开后投入鱼片、豆腐片，汤沸后略煮即可。

功效：

鱼肉含有丰富的蛋白质、微量元素和维生素，对人体有很好的补益作用。鱼肉含有的微量元素硒，能清除身体代谢产生的自由基，提高宝宝的抵抗力。青菜鱼片，不仅营养丰富，而且能改善宝宝食欲不振的状况。

主要营养素

碳水化合物、DHA、ARA

准备时间 20分钟

烹饪时间 10分钟

用料

鱼肉 50克 馄饨皮 10张

青菜 2棵 葱花 适量

鱼泥馄饨

做法：

① 将鱼肉洗净去刺，剁成泥；青菜洗净切碎。

② 将鱼泥、青菜末混合做馅，包入馄饨皮中。

③ 锅内加水，煮沸后放入馄饨煮熟，撒上葱花即可。

功效：

鱼泥馄饨荤素搭配，所含碳水化合物是宝宝维持生命活动所需能量的主要来源，是维持大脑正常功能的必需营养素。鱼泥馄饨还含有丰富的DHA、ARA，是宝宝大脑和视网膜的重要构成成分，可以促进宝宝的智力发育。

小餐椅的叮咛

水沸后放入馄饨，水再次沸腾时加入适量凉水，如此三次，煮出的馄饨口感爽滑。

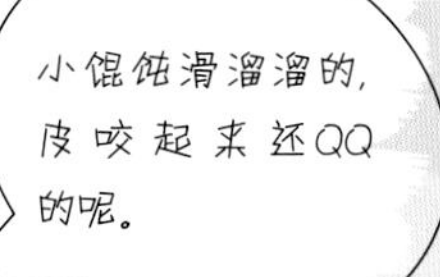

主要营养素

蛋白质、不饱和脂肪酸、维生素

准备时间 20分钟

烹饪时间 10分钟

用料

鸡肉末 50克　青菜 2棵

馄饨皮 10张　鸡汤 适量

葱花 适量

鸡汤馄饨

做法：

① 将青菜择洗干净，切成碎末，与鸡肉末拌匀做馅。

② 包成10个小馄饨。

③ 鸡汤烧开，下入小馄饨，煮熟时撒上葱花即可。

功效：

鸡肉的蛋白质含量相当高，比猪肉、羊肉、鹅肉、牛肉多。鸡肉富含不饱和脂肪酸，因此是宝宝较好的蛋白质食品来源。此外，鸡肉中还含有维生素、烟酸、钙、磷、钾、钠、铁等多种营养素，非常适合贫血的宝宝食用。

主要营养素

维生素A、维生素E、DHA

准备时间 1小时

烹饪时间 30分钟

用料

熟鳗鱼肉 30克

大米 50克

山药 50克

鳗鱼山药粥

做法：

① 熟鳗鱼肉去刺切片；大米洗净，浸泡1小时；山药洗净去皮，切片。

② 大米、山药片入锅，加适量水煮成粥，再加入熟鳗鱼片略煮即可。

功效：

鳗鱼富含维生素A和维生素E，能够增强宝宝的免疫力并维持宝宝的正常机体功能。另外，鳗鱼还含有被俗称为“脑黄金”的DHA，可以让宝宝更聪明。

菠菜鸡肝粥

做法：

① 鸡肝洗净切片；菠菜洗净，切碎；大米淘洗干净，加水煮粥。

② 粥快熟时放入鸡肝片，鸡肝熟后放入青菜末再煮几分钟即可。

功效：

鸡肝营养丰富，尤其是铁的含量，因此是宝宝的补铁佳品。鸡肝中维生素A的含量超过奶、蛋、肉、鱼等食品，宝宝常吃鸡肝，可使眼睛明亮，精力充沛。

苋菜粥

做法：

① 将苋菜择洗干净，切碎。

② 大米淘洗干净，放入锅内，加适量水，置于火上，煮至粥成时，加苋菜，再煮半分钟即可。

功效：

苋菜粥不仅含有大量的碳水化合物，还含有丰富的铁、钙、蛋白质。俗语说："七月苋，金不换。"苋菜粥除了有丰富的营养之外，颜色鲜艳、漂亮，口感清香、嫩滑，容易增强宝宝的食欲。

小餐椅的叮咛

丝瓜在制作辅食的时候容易变黑，影响菜品的色泽，也影响宝宝的食欲。宝宝1岁后，妈妈如果要炒丝瓜给宝宝吃，炒前用开水焯一下，最后放盐，丝瓜就不会变黑了。

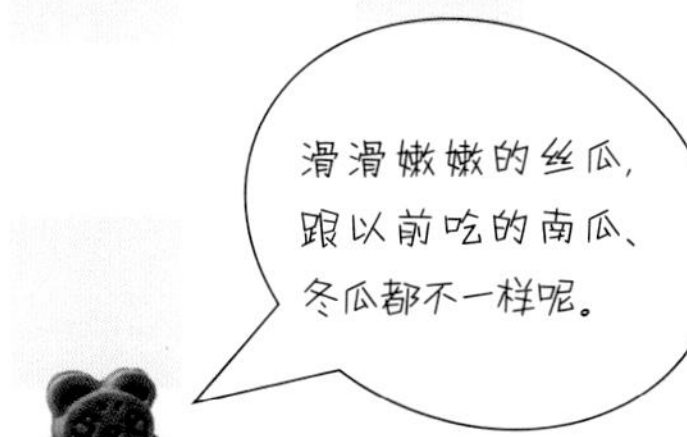

主要营养素

皂苷、丝瓜苦味素、瓜氨酸、木聚糖

准备时间 30分钟

烹饪时间 30分钟

用料

丝瓜 半根

大米 40克

虾皮 适量

丝瓜虾皮粥

做法：

① 丝瓜洗净，去皮，切成小块；大米淘洗干净，用水浸泡30分钟。

② 大米倒入锅中，加水煮成粥，将熟时，加入丝瓜块和虾皮同煮，煮熟即可。

功效：

丝瓜含有皂苷、丝瓜苦味素、瓜氨酸、木聚糖、蛋白质、维生素B、维生素C等成分，其味甘性凉，能清热、凉血、解毒，与大米同煮成粥，有清热和胃、化痰止咳作用，对治疗宝宝咳嗽或咽喉肿痛有一定效果。

主要营养素

蛋白质、维生素、钙

准备时间 30分钟

烹饪时间 30分钟

用料

大米 50克 青菜 2棵

土豆 半个 肉末 30克

土豆粥

做法：

① 将青菜洗净，切碎；土豆洗净，去皮，切成小块，煮烂，捣成泥；大米淘洗干净，浸泡30分钟。

② 锅内加适量水，放入大米煮粥，粥将熟时，放入土豆泥 、肉末，煮至粥熟放青菜末略煮即可。

功效：

土豆富含蛋白质、维生素、钙、镁、钾等各种营养素。按营养学观点，1斤土豆的营养价值大约相当于3斤苹果。土豆含的蛋白质和维生素B_1是苹果的10倍，维生素C是苹果的3.5倍，维生素B_2是苹果的3倍，磷是苹果的2倍。

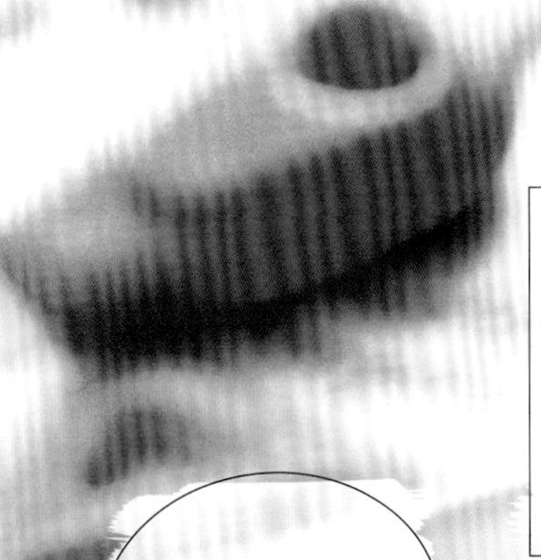

小餐椅的叮咛

如果宝宝出现风热型感冒(表现为全身发烫)，妈妈不要给宝宝吃鸡肉辅食。因为从中医的角度来说鸡是温补之物，会产生一定的额外热能，加剧发烧症状，增加宝宝的病痛。

主要营养素

碳水化合物、蛋白质

准备时间 1小时

烹饪时间 30分钟

用料

大米 50克 鸡肉 30克

香菇 2朵 苹果 半个

虽然我的牙牙少，但是咬小苹果丁一点都不含糊！

苹果鸡肉粥

做法：

① 大米淘洗干净，浸泡1小时。

② 鸡肉洗净、剁碎；苹果去皮、核，切丁；香菇用水泡发后洗净，去蒂，切丁。

③ 大米放入锅中，加适量水熬成粥，加入鸡肉丁、苹果丁、香菇丁用小火煮熟即可。

功效：

苹果鸡肉粥富含碳水化合物、蛋白质、维生素、果酸、矿物质等，不仅能为宝宝提供身体正常运转的大部分能量，起到促进新陈代谢，维持大脑、神经系统正常功能的作用，还能促进宝宝的牙齿、骨骼生长，增强宝宝的抵抗力。

主要营养素

碳水化合物、蛋白质

准备时间 10分钟

烹饪时间 30分钟

用料

河粉 50克

牛肉 20克

香菜 适量

高汤 适量

牛肉河粉

做法：

① 将河粉切小段，煮熟，用冷开水冲凉；牛肉切片；香菜切末。

② 高汤加入牛肉片煮熟，加入河粉稍煮，撒上香菜末即可。

功效：

河粉富含碳水化合物、蛋白质、膳食纤维、烟酸等营养成分。碳水化合物是构成机体的重要物质，能储存和提供热能，是维持大脑功能必须的能源。河粉清淡、晶莹剔透并且口感细滑，比较适合宝宝食用。

排骨汤面

做法：

① 排骨洗净，入沸水锅中焯一下。

② 将排骨放入锅内，加适量水，大火煮开后，转小火炖2小时。

③ 盛出排骨汤放入另一个锅中，加入面条煮熟即可。

功效：

排骨汤面除含蛋白质、维生素外，还含有大量磷酸钙、骨胶原、骨黏蛋白等，可为宝宝提供钙质，促进宝宝骨骼和牙齿的生长。排骨中的优质蛋白质和脂肪酸，能促进宝宝的生长发育，并且改善宝宝的缺铁性贫血症状。

小排骨肉轻轻一咬就烂了，妈妈做的饭饭就是好吃！

小餐椅的叮咛

炖排骨时，在锅里加入几块洗干净的橘子皮，可除异味和油腻感。同时，可以使排骨汤味道更鲜美。在煮时滴几滴醋，可以加快骨头中钙质的溶解，同时可使排骨中的磷、铁等矿物质溶解出来，利于宝宝吸收，营养价值更高。

主要营养素

蛋白质、维生素、钙

准备时间　10分钟

烹饪时间　2小时

用料

排骨　50克

宝宝面条　30克

以往辅食翻新做

9个月的宝宝已经长牙，有咀嚼能力了，可以让其吃硬一点的东西，自己用牙齿咀嚼食物，不仅可以品尝美味多汁的食物，还有利于乳牙的萌出。品尝，也是宝宝感知世界的一个有效途径呢。

主要营养素

香菇素、胆碱

准备时间 5分钟

烹饪时间 20分钟

用料

香菇 1朵 鸡肉 20克
豆腐 20克 西蓝花 20克
生鸡蛋黄 1个 高汤 适量

清甜翡翠汤

做法：

① 香菇用水泡发后洗净切丝；鸡肉切丁；豆腐压泥；西蓝花烫熟切碎；生鸡蛋黄搅匀。

② 高汤加水煮开，下香菇丝和鸡肉丁。

③ 再次煮开，下豆腐泥、西蓝花末和蛋液，煮3分钟即可。

功效：

香菇含有香菇素、胆碱、亚油酸、碳水化合物及30多种酶，这些营养成分对脑功能的正常发育有促进作用。另外，多增加香菇等菌类食物的摄入，还可提高身体免疫力。

菠菜猪血汤

做法：

① 菠菜洗净，切段，焯水；猪血冲洗干净，切小块。

② 把猪血放入沸水锅内稍煮，再放入菠菜叶煮沸即可。

主要营养素

维生素C、膳食纤维

准备时间 3分钟

烹饪时间 10分钟

用料

猪血 50克

菠菜 2棵

我可是个好奇宝宝，什么都尝尝，身体才棒哦。

小餐椅的叮咛

选购猪血的时候一定要选择质量有保障的产品，真的猪血较硬、易碎；假猪血由于添加了甲醛等化学物质，柔韧且不易破碎。切开猪血块后，真的猪血切面粗糙，有不规则小孔；假猪血切面光滑平整，看不到气孔。

功效：

菠菜猪血汤味美色鲜，含有丰富的维生素C、胡萝卜素、蛋白质，以及铁、钙、磷等矿物质，具有养血止血、敛阴润燥的功能，尤其适合缺铁性贫血的宝宝食用。菠菜含有大量的膳食纤维，具有促进肠道蠕动的作用，利于排便。

鸡茸豆腐羹

做法：

① 鸡肉洗净，剁碎；玉米粒洗净，加适量水，用搅拌机打成糊；鸡肉、玉米糊与高汤一同入锅煮沸。

② 豆腐洗净捣碎，加入煮沸的高汤中，略煮即可。

功效：

鸡茸豆腐羹，是高蛋白的辅食，脂肪含量非常低，而且都为不饱和脂肪酸，是消化能力尚不太强的宝宝的理想食品。此羹还富含丰富的维生素、矿物质、烟酸等营养素，可以保护肝脏，增强免疫力。

主要营养素

蛋白质、维生素、矿物质

准备时间 3分钟

烹饪时间 15分钟

用料

鸡肉 50克 豆腐 30克

玉米粒 20克 高汤 适量

小餐椅的叮咛

鸭肉必须焯水，这是去除腥味的关键。一般水沸后放入鸭肉焯水1分钟左右，至鸭肉表面变色发紧。在焯水之前，可以把鸭肉放到加醋的水中浸泡1小时，然后洗净，这样做不仅可以去腥，还能让鸭肉更加鲜嫩可口，适合宝宝食用。

主要营养素

蛋白质、钙、镁

准备时间 1小时

烹饪时间 20分钟

用料

鸭肉 50克

香菇 适量

笋 适量

什锦鸭羹

做法：

① 将鸭肉洗净，切丁后焯水；香菇洗净，去蒂，切丁；笋洗净，切丁。

② 锅中加水，放入鸭肉丁煮熟，再放入香菇丁、笋丁煮至熟烂即可。

功效：

什锦鸭羹食材丰富，营养均衡，含有丰富的蛋白质以及钙、镁等矿物质，容易消化，吸收性好。常食此羹能提高宝宝记忆力和集中力。鸭肉性寒，有除热消肿、止咳化痰等作用，尤其适合食用配方奶而容易上火的宝宝。

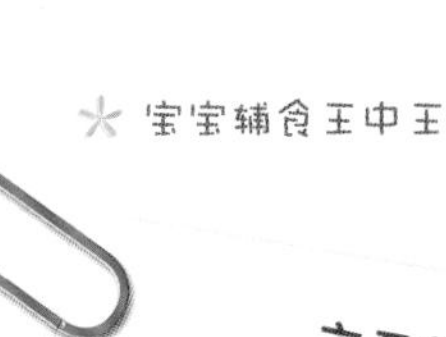

主要营养素

蛋白质、维生素、钙

准备时间 5分钟

烹饪时间 15分钟

用料

鱼肉 50克

苋菜 20克

葱花 适量

苋菜鱼肉羹

做法：

① 将鱼肉洗净，去刺切丁；苋菜洗净，切碎。

② 锅中加适量的水烧开，放入鱼肉丁、切碎的苋菜煮开，出锅前撒上葱花即可。

功效：

苋菜鱼肉羹既含有丰富的蛋白质和维生素，又富含易被人体吸收的钙质，不但对宝宝起到很好的健脾开胃之功效，还对宝宝牙齿和骨骼的生长起到促进作用。

小餐椅的叮咛

未成熟的猕猴桃很硬，有轻微毒性，不要食用，应该放软了再吃。让猕猴桃快些变软的方法是：将猕猴桃和苹果放在袋子里，常温放一天即可变软，因为苹果里含有乙烯，可以促进猕猴桃的成熟。

主要营养素

膳食纤维、维生素C

准备时间 5分钟

烹饪时间 20分钟

用料

苹果 1个

猕猴桃 半个

苹果猕猴桃羹

做法：

① 苹果洗净，去皮、去核后，切成小丁；猕猴桃去皮，切成丁。

② 将苹果丁、猕猴桃丁放入锅内，加水大火煮沸，再转小火煮10分钟即可。

功效：

猕猴桃富含维生素C、维生素A和维生素E等营养成分，还含有其他水果中很少见的叶酸、胡萝卜素。另外，猕猴桃还含有丰富的膳食纤维，可以显著改善宝宝的便秘症状。

10个月宝宝体格发育指标

10个月	体重（千克）	身高（厘米）	头围（厘米）
男宝宝	10.09±1.03	74.3±2.2	45.9±1.2
女宝宝	9.48±0.86	72.0±2.0	44.9±1.4

第八章
10个月，能吃软米饭了

一天6顿饭怎么吃

主食：母乳或配方奶

辅食：软米饭、面条、花样粥、
鱼肉、虾仁、碎菜、碎肉、豆制品

餐次：每4~5小时1次，每天6次

第1顿：母乳或配方奶

第2顿：花样粥

第3顿：花样粥（面条）

第4顿：母乳或配方奶

第5顿：软米饭（碎肉、碎菜、鱼肉、虾仁、豆制品）

第6顿：母乳或配方奶

（具体奶量和夜奶视宝宝实际需求添加）

10个月的宝宝营养需求和上个月差不多，蛋白质、脂肪、矿物质、微量元素及维生素的量和比例没有大的变化。10个月宝宝可以添加软米饭、面条、粥、豆制品、碎菜、碎肉、蛋黄、鱼肉、饼干、馒头片等各种辅食，应该以饭为主。值得爸爸妈妈注意的是，宝宝和宝宝之间的饮食差异很明显，不用绝对去比较，最主要的是看宝宝是否正常发育，体重、身高、头围等保持在正常指标范围内，这样的喂养就是成功的喂养。同时，爸爸妈妈还要尊重宝宝的个性和好恶，让宝宝快乐进食。

新加的饭饭

10个月的宝宝口腔周围的肌肉在不断地发育，舌头能够朝6个方向活动，牙床可以捣碎微有颗粒感的食物了。长出几颗牙齿的宝宝，还能用前面的牙齿进行咀嚼，再吃下去。宝宝能用自己的手抓着辅食吃了，可以多做一些用手抓着吃的食物。宝宝牙床能捣碎的硬度跟熟香蕉差不多。

主要营养素

B族维生素

准备时间 30分钟

烹饪时间 30分钟

用料

大米 50克

软米饭

做法：

① 将米淘净后浸泡30分钟，放入电饭锅。

② 加2倍的水后煮熟即可。

功效：

米饭是补充营养素的基础食物，可维持宝宝大脑、神经系统的正常发育。大米可提供丰富B族维生素，具有补中益气、健脾养胃的功效，能刺激胃液的分泌，有助于消化，有益于宝宝的身体发育和健康。

西红柿鸡蛋面

做法：

① 将西红柿洗净，用开水烫一下，去皮，切丁；青菜洗净；生鸡蛋黄打散。

② 锅中加水，放入西红柿丁略煮后，放入面条、青菜煮熟，再淋上蛋黄液即可。给宝宝吃时，将青菜、面条用勺子分成小段。

功效：

西红柿鸡蛋面的主要营养成分有蛋白质、碳水化合物、维生素、有机酸等，不仅能帮助消化，调理肠胃功能，还有改善贫血，增强免疫力，平衡营养吸收等功效。

小餐椅的叮咛

煮面条的时候，水不要太开，等面条下锅开锅后也宜用中火煮，否则易形成硬心和面条汤糊化。中火煮时，随开随点些凉水，使面条均匀受热。

主要营养素

蛋白质、碳水化合物、维生素

准备时间 3分钟

烹饪时间 20分钟

用料

宝宝面条 50克 西红柿 1个

生鸡蛋黄 1个 青菜 2棵

小米芹菜粥

做法:

① 小米洗净，加水放入锅中，熬成粥。

② 芹菜洗净，切成丁，在小米粥熟时放入，再煮3分钟即可。

功效:

小米含有多种维生素、氨基酸等人体所必须的营养物质，其中维生素B_1的含量位居所有粮食之首，对维持宝宝的神经系统正常运转起着重要的作用。芹菜富含铁，缺铁性贫血宝宝宜常吃。

主要营养素

维生素、氨基酸、铁

准备时间 3分钟

烹饪时间 20分钟

用料

小米 50克

芹菜 30克

小餐椅的叮咛

黑米外部有坚韧的种皮包裹，不易煮烂，故黑米煮前应先浸泡2个小时再煮。黑米粥一定要煮烂，否则不但大多数营养素不能溶出，而且食后易引起急性肠胃炎，对消化功能较弱的宝宝不利。

主要营养素

蛋白质、锰、锌

准备时间 2小时

烹饪时间 30分钟

用料

大米 10克

黑米 20克

红豆 30克

黑米粥

做法：

① 大米、黑米、红豆分别洗净后，浸泡2小时。

② 将大米、黑米、红豆放入锅中，加入适量水煮至稠烂即可。

功效：

黑米粥的主要营养成分有蛋白质、锰、锌、铜等，更含有丰富的维生素C、叶绿素、花青素、胡萝卜素及强心苷等特殊成分，因此被称为“补血米”。此粥清香油亮，软糯适口，营养丰富，尤其适合贫血的宝宝食用。

栗子瘦肉粥

做法：

① 栗子去壳、洗净，煮熟之后去皮，捣碎；大米淘洗干净，浸泡1小时。

② 锅中加适量水，煮沸后加栗子、大米、瘦肉末同煮，煮至粥熟即可。

功效：

栗子粥含有蛋白质、钙、磷、铁、维生素B_1、维生素B_2、烟酸等营养成分，具有补中益气，健脾养胃的功能，对宝宝的食欲不佳、腹胀、腹泻有一定缓解作用。

主要营养素

蛋白质、钙、磷

准备时间 1小时

烹饪时间 30分钟

用料

大米 50克

栗子 3个

瘦肉末 30克

主要营养素

DHA、卵磷脂、维生素A

准备时间 10分钟

烹饪时间 30分钟

用料

鳝鱼 100克 大米 50克

薏米 30克 山药 20克

鲜鲜的鳝鱼肉，这么美味的粥，我要吃一大碗。

鳝鱼粥

做法：

① 将鳝鱼去骨、去内脏，洗净切段；大米、薏米洗净；山药去皮，洗净，切块。

② 锅内放入适量水，煮开后放入鳝鱼段、大米、薏米、山药块，煮至粥熟即可。

功效：

鳝鱼富含DHA和卵磷脂，它是构成人体各器官组织细胞膜的主要成分，而且是脑细胞不可缺少的营养成分，可以提高宝宝的记忆力。鳝鱼含有的维生素A量很高，可以增强宝宝的视力。

小餐椅的叮咛

鳝鱼宜现杀现做，鳝鱼体内含组氨酸较多，味很鲜美。死鳝鱼体内的组氨酸会转变为有毒物质，因此购买的鳝鱼必须是活的。

黑白粥

做法：

① 将大米、黑米淘洗干净；山药去皮，洗净，切丁；干百合洗净，泡发。

② 锅内加入适量水，煮开后放入大米、黑米，熬煮成粥，再放入山药丁、百合，转小火熬煮至熟即可。

功效：

黑白粥食材种类多，营养均衡，富含碳水化合物、B族维生素、蛋白质、膳食纤维等营养成分，能提供宝宝身体正常运转的大部分能量，帮助宝宝健康成长。

主要营养素

碳水化合物、B族维生素

准备时间 3分钟

烹饪时间 40分钟

用料

大米 20克 黑米 20克

山药 20克 干百合 10克

小餐椅的叮咛

虽然鳗鱼的营养价值极高，但属于发物，容易过敏的宝宝应慎食。如果是首次食用，妈妈应该少量添加，并密切观察宝宝的反应，如有不适，应忌食。正在感冒期间的宝宝也不要吃鳗鱼。

主要营养素

蛋白质、维生素、矿物质

准备时间 1小时

烹饪时间 30分钟

用料

熟鳗鱼肉 30克 大米 50克

熟鸡蛋黄 1个 青菜 2棵

还没醒就闻到了妈妈做的粥菜香，这么多颜色啊，肯定特别好吃。

鳗鱼蛋黄青菜粥

做法：

① 熟鳗鱼肉去刺，切片；青菜洗净，切碎；熟鸡蛋黄磨碎；大米淘洗干净，浸泡1小时。

② 将大米放入锅中，加水煮粥，快熟时加入熟鸡蛋黄、青菜末和熟鳗鱼片，稍煮即可。

功效：

鳗鱼的营养价值非常高，被称作“水中的软黄金”。鳗鱼含有丰富的蛋白质、维生素、矿物质以及不饱和脂肪酸DHA和EPA。经常食用鳗鱼，可以促进宝宝大脑发育，增强记忆力。

绿豆莲子粥

做法：

① 将绿豆、莲子、小米洗净，浸泡1小时。

② 将绿豆、莲子、小米入锅，加适量的水熬成粥即可。

功效：

绿豆莲子粥中的钙、磷和钾含量非常丰富。莲子还含有蛋白质、铁、维生素等营养成分，有助于宝宝骨骼和牙齿的发育，还有助于增强宝宝记忆力。

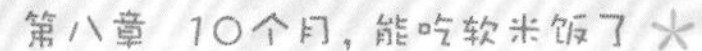

主要营养素

蛋白质、脂肪、无机盐

准备时间 10分钟

烹饪时间 40分钟

用料

胡萝卜 半根 生鸡蛋黄 1个

猪瘦肉 适量 大米 适量

胡萝卜瘦肉粥

做法：

① 将胡萝卜、猪瘦肉分别洗净剁碎；大米淘洗干净。

② 将大米、猪瘦肉丁、胡萝卜丁一起放入锅内，加适量水煮成粥，粥熟后打入生鸡蛋黄搅匀，略煮即可。

功效：

猪瘦肉富含蛋白质、脂肪、无机盐等，尤以铁、磷、钾、钠等含量最为突出。如果宝宝属于缺铁性贫血，妈妈可以在制作辅食时适量地多添加一些猪瘦肉，这对宝宝的贫血有很好的缓解效果。

小餐椅的叮咛

用手指按压猪肉，新鲜猪肉能迅速地恢复原状，如果瘫软下去则肉质不好。再用手摸猪肉表面，新鲜猪肉表面有点干或略显湿润而且不黏手；如果黏手则不是新鲜的猪肉。

蛋黄香菇粥

做法：

① 大米淘洗干净，浸泡1小时；香菇洗净，去蒂，切成丝；生鸡蛋黄打散。

② 将大米和香菇丝放入锅中，加水煮沸，再下鸡蛋液，搅拌均匀，煮至粥熟即可。

功效：

香菇营养丰富，味道鲜美，被视为“菇中之王”，为“山珍”之一。香菇高蛋白、低脂肪，还含有多糖、多种氨基酸和多种维生素等营养成分，对促进人体新陈代谢，提高身体抵抗力有很大作用。

丝瓜火腿汤

做法：

① 丝瓜洗净，削皮，切块；火腿切片。

② 油锅加热，下丝瓜稍炒片刻，加入水煮沸约3分钟，下火腿略煮即可。

功效：

丝瓜火腿汤，清香脆甜，鲜美可口。丝瓜是夏秋季节人们爱吃的蔬菜，它的营养价值很高，含有蛋白质、膳食纤维、钙、磷、铁以及B族维生素、维生素C，常食可促进宝宝牙齿和骨骼的生长。

主要营养素

蛋白质、膳食纤维

准备时间 3分钟

烹饪时间 10分钟

用料

丝瓜 半根

火腿 15克

植物油 适量

小餐椅的叮咛

火腿属于肉制品，品质很难保证。妈妈给宝宝制作辅食时，应尽量选用鲜肉，营养价值更高，也更安全。如果选用火腿，妈妈最好为宝宝选购特级火腿，产品级别高，含肉比例高，蛋白质含量高，口味也好。

小餐椅的叮咛

新鲜上好的平菇，其菌盖的边缘应向内包裹着，像把小伞一样扣下来，菌伞较厚，而且边缘很齐整，完全没有开裂口。而过分老熟的平菇，其菌盖上翘呈波状。

主要营养素

蛋白质、氨基酸、矿物质

准备时间 3分钟

烹饪时间 15分钟

用料

平菇 50克 生鸡蛋黄 1个

青菜 适量

平菇蛋花汤

做法：

① 平菇洗净，撕成小条；生鸡蛋黄打散；青菜择洗干净，切碎。

② 油锅烧热，倒入平菇片炒至熟。

③ 锅内倒入适量水，煮开后倒入炒熟的平菇片，再淋入蛋黄液和青菜末略煮即可。

功效：

平菇含丰富的蛋白质、氨基酸、矿物质等营养成分。平菇中的氨基酸种类齐全，对促进宝宝记忆、增进智力有独特的作用。宝宝常吃平菇等菌类食品，能减少流感、肝炎等病毒性感染机会。

主要营养素

蛋白质、维生素C、钾

准备时间 5分钟

烹饪时间 20分钟

用料

青菜 3棵 土豆 半个

肉末 20克 植物油 适量

青菜土豆汤

做法：

① 青菜洗净切段；土豆去皮，洗净，切小丁。

② 油锅下肉末炒散，下土豆丁，炒5分钟。

③ 倒入适量水，煮开后，转小火煮10分钟，然后放青菜段略煮即可。

功效：

青菜土豆汤含有丰富蛋白质和维生素C、维生素B_1、维生素B_2、钙、磷、镁、钾等营养成分。尤其是土豆中钾的含量，在蔬菜类里排第1位，对调节宝宝身体的酸碱平衡有重要意义。

西红柿炒鸡蛋

做法：

① 将西红柿洗净，用开水烫一下，去皮，切成丁。

② 生鸡蛋黄搅打均匀，入油锅略炒，盛出。

③ 油锅烧热，倒入西红柿丁翻炒，出汤后加鸡蛋黄稍收汁即可。

功效：

西红柿炒鸡蛋营养丰富，制作简便，润滑爽口。西红柿富含多种维生素以及矿物质，而鸡蛋富含蛋白质、钙、锌等营养成分，被称作"黄金食品"。两者搭配做菜，非常适合宝宝的胃口和营养需求。

主要营养素

维生素、矿物质、蛋白质

准备时间 3分钟

烹饪时间 10分钟

用料

生鸡蛋黄 1个

西红柿 1个

植物油 适量

主要营养素

蛋白质、氨基酸、维生素、钙

准备时间 10分钟

烹饪时间 20分钟

用料

豆腐 30克 虾仁 30克

香菇 20克 高汤 适量

豌豆 适量 葱花 适量

竹笋 适量

小餐椅的叮咛

制作好的西施豆腐里面的食材都是大颗粒状，妈妈在喂食时要耐心，不要一次给宝宝喂太多。

西施豆腐

做法：

① 豆腐洗净切成丁；豌豆洗净。

② 虾仁、竹笋、香菇分别洗净再用水焯一下，切丁。

③ 锅中加高汤煮沸，放豆腐丁、香菇丁、虾仁丁、竹笋丁、豌豆，煮熟，出锅前撒上葱花即可。

功效：

西施豆腐，食材丰富，口味鲜美，营养均衡。虾仁和豆腐都含有丰富的蛋白质、氨基酸、维生素、钙等营养成分，其中的钙质有利于宝宝吸收和利用，能帮助宝宝骨骼、牙齿健康生长。这道辅食中的食材都是丁状的，可以锻炼宝宝的咀嚼能力。

以往辅食翻新做

宝宝的牙齿越来越多了，咀嚼起来有模有样的，给予一定量的富含膳食纤维的食物让宝宝练习咀嚼，可以促进牙齿和下颌骨的发育。许多学步宝宝的食欲有所下降，妈妈要积极引导，避免宝宝养成挑食的不良习惯。在保证营养足量的基础上，要合理安排食谱，还要注意变换烹调方式，随时调整食物质感，预防宝宝挑食。

主要营养素

蛋白质、膳食纤维、维生素C

准备时间 1小时

烹饪时间 30分钟

用料

苦瓜 20克

大米 50克

苦瓜粥

做法：

① 苦瓜洗净后去瓤，切成丁；大米淘洗干净，浸泡1小时。

② 先将大米放入锅中加水煮沸，再放苦瓜丁，煮至粥稠即可。

功效：

苦瓜粥富含蛋白质、膳食纤维、胡萝卜素、苦瓜苷、磷、铁等，不仅能增强宝宝的食欲，还能提高宝宝的免疫力。值得一提的是，苦瓜中维生素C含量居瓜类之冠，宝宝经常食用，不但能清火，还能促进牙齿和骨骼的生长。

小餐椅的叮咛

不要让宝宝空腹喝豆浆，可让宝宝先吃些面包等食物再喝。从营养角度讲，豆浆是蛋白质含量很丰富的饮品，但是它只有在摄入足量淀粉食品后才能不被作为热量来消耗。如果空腹饮服豆浆，这样不仅使蛋白质浪费，还使体内营养失去平衡，从而加重消化、泌尿系统的负担。

主要营养素

蛋白质、氨基酸、磷脂

准备时间 10小时

烹饪时间 10分钟

用料

黄豆 50克 核桃仁 2个

燕麦 10克

核桃燕麦豆浆

做法：

① 黄豆洗净，用水浸泡10小时；核桃仁碾碎。

② 将黄豆、燕麦和核桃仁倒入豆浆机中制成豆浆即可。

功效：

核桃燕麦豆浆营养均衡，口感香滑，能提供给宝宝优质蛋白质和多种人体必需的氨基酸，十分符合宝宝发育的需要。核桃中的磷脂对脑神经有良好的保健作用，是大脑组织细胞代谢的重要物质，能滋养脑细胞，让宝宝变得更聪明。

主要营养素

碳水化合物、膳食纤维

准备时间 1小时

烹饪时间 35分钟

用料

大米 30克 芹菜 适量

胡萝卜 适量 黄瓜 适量

玉米粒 适量

什锦蔬菜粥

做法：

① 将大米淘洗干净，浸泡1小时；胡萝卜、芹菜、黄瓜分别洗净，切丁。

② 将大米放入锅中，加适量水，煮粥。

③ 粥将熟时，放入胡萝卜丁、芹菜丁、黄瓜丁、玉米粒煮10分钟即可。

功效：

什锦蔬菜粥含有丰富的碳水化合物、膳食纤维、胡萝卜素、维生素B和多种无机盐，钙、铁含量也比较高，不仅能促进宝宝的生长发育，还能促进肠胃蠕动，帮助宝宝排便，特别适合便秘的宝宝食用。

小餐椅的叮咛

要选择硬度适中的水果，硬度太大，宝宝咬不碎，不仅不易消化，还会让宝宝产生厌食的情绪。水果可按季节和宝宝的口味进行调整，不要选择反季节的水果，当季水果最营养。

粥里有了水果的香味更开胃了，妈妈，我要吃一大碗。

主要营养素

碳水化合物、维生素、矿物质

准备时间 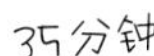 1小时

烹饪时间  35分钟

用料

苹果　半个　香蕉　半根

哈密瓜　1小块　大米　适量

什锦水果粥

做法：

① 大米淘洗干净，浸泡1小时；苹果洗净，去核，切丁；香蕉去皮，切丁；哈密瓜洗净，去皮，去瓤，切丁。

② 大米加水煮成粥，熟时加入苹果丁、香蕉丁、哈密瓜丁稍煮即可。

功效：

什锦水果粥鲜香滑软，可口又营养，还能帮助宝宝消化，对维持肠道正常功能及辅食多样化有重要意义。

主要营养素

碳水化合物、脂肪、蛋白质

准备时间 5分钟

烹饪时间 2分钟

用料

吐司面包 2片 肉松 20克

黄瓜 半根 香蕉 半根

肉松三明治

做法:

① 黄瓜洗净切片；香蕉去皮，切片。

② 取一片吐司面包平铺，放上肉松、黄瓜片、香蕉片，再盖上一片吐司面包，三明治就做成了。

功效:

肉松三明治富含碳水化合物、脂肪、蛋白质和多种矿物质，胆固醇含量低，蛋白质含量高。肉松香味浓郁、味道鲜美、易于消化，搭配蔬菜、水果，营养更均衡，口感更丰富，能增强宝宝的食欲。

柠檬土豆羹

做法：

① 将土豆洗净，去皮，切成丁，放入开水中煮熟盛出。

② 在锅中加入适量水，放入土豆丁，加入柠檬汁，待汤烧沸。

③ 将鸡蛋黄打入碗中调匀，慢慢倒入锅中，略煮即可。

功效：

土豆含有特殊的黏蛋白，不但有润肠作用，还有促进脂类代谢作用，能帮助宝宝排便。土豆还含有人体必需的8种氨基酸，维生素B_1、维生素B_2，铁和磷也比苹果高得多，可以帮助宝宝补铁。

主要营养素

黏蛋白、氨基酸、维生素B_1

准备时间 5分钟

烹饪时间 10分钟

用料

土豆 半个 生鸡蛋黄 1个

柠檬汁 适量

小餐椅的叮咛

柠檬汁属于高果酸果品，而果酸遇到牛奶中的蛋白质，就会使蛋白质变性，从而降低蛋白质的营养价值。妈妈给宝宝喂奶后不要立刻给宝宝添加柠檬汁，更不能把柠檬汁调入配方奶来改善奶的口味。

11个月宝宝体格发育指标

11个月	体重（千克）	身高（厘米）	头围（厘米）
男宝宝	10.35±1.06	75.2±2.5	46.2±1.2
女宝宝	9.82±0.90	73.3±2.2	45.2±1.4

第九章
11个月，能吃颗粒食物了

一天6顿饭怎么吃

主食： 母乳或配方奶

辅食： 米饭、肉汤、花样粥、面条、鱼肉、虾仁、肉末、豆制品、碎菜

餐次： 每4~5小时1次，每天6次

第1顿： 母乳或配方奶

第2顿： 花样粥（肉末、碎菜）

第3顿： 米饭（鱼肉、虾仁、豆制品）

第4顿： 母乳或配方奶

第5顿： 面条

第6顿： 母乳或配方奶

（具体奶量和夜奶视宝宝实际需求添加）

11个月宝宝的营养需求与上个月没有太大的差别，只是可吃的食物种类有所增加，除了刺激性大的蔬菜，如辣椒，其余基本都能吃。值得注意的是，烹饪的方法要科学，不能给宝宝吃油炸的食物，所选的食材应是当季的。为了锻炼宝宝的咀嚼和吞咽能力，妈妈要多制作一些颗粒状的食物。因为宝宝的胃容量比较小，所以不是很建议给宝宝吃太多的粥之类的食物，容易饱，但吸收的食物营养量并不大，如果吃粥建议吃内容比较丰富的花样粥。

新加的饭饭

通常11个月大的宝宝应该逐渐由母乳或配方奶喂养为主转变到以食物喂养为主。慢慢地减少宝宝吃奶的次数，逐渐增加辅食的量。宝宝白天的进食时间可以与大人相同，但不要给宝宝吃大人的饭菜。由于大人的饭菜较硬，且里面含大量的调味品，如盐、味精等，所以还是要单独给宝宝加工食物，食物要细、软、烂、淡，适合宝宝的消化系统。

主要营养素

蛋白质、维生素

准备时间 3分钟

烹饪时间 10分钟

用料

米饭 1碗

肉松 适量

海苔 适量

肉松饭

做法：

① 将肉松包入米饭中，将米饭揉搓成圆饭团。

② 将海苔搓碎，撒在饭团上即可。

功效：

肉松含有丰富的蛋白质、维生素B_1、维生素B_2、烟酸、维生素E及铁、钙、磷、钠、钾等营养素，脂肪含量低，和米饭同食，营养更加全面，不但能促进宝宝生长发育，而且能预防宝宝贫血。

蛋包饭

做法：

① 豌豆洗净；洋葱洗净，切丁；培根切丁；生鸡蛋黄加面粉、水搅匀。

② 热锅放油，下培根、玉米粒、洋葱丁、豌豆煸炒，然后放入米饭炒匀，盛出。

③ 油锅烧热，将蛋液摊成蛋皮，放上一层炒好的米饭，四边叠起即可。

功效：

蛋包饭含有人体必需的蛋白质、脂肪、维生素及钙等营养成分，可以提供人体所需的营养、热量。蛋包饭颜色丰富，营养均衡，会是宝宝喜爱的主食。

主要营养素

蛋白质、脂肪、维生素、钙

准备时间 30分钟

烹饪时间 30分钟

用料

米饭	半碗	生鸡蛋黄	1个
培根	适量	玉米粒	适量
豌豆	适量	面粉	适量
植物油	适量	洋葱	适量

小餐椅的叮咛

煮饭前，先用温水将大米浸泡20~30分钟。用温水浸泡大米，可以促进其“芽化”，刺激大米中多种酶的产生。这些活性物对人体健康和营养的吸收非常有益，研究表明，多吃芽化大米饭，可提高宝宝的认知能力。

鱼香肉末炒面

做法：

① 玉米粒与面条一起放到沸水里煮熟后，捞起晾凉。

② 起油锅放入肉末以及玉米粒，翻炒片刻，盛出。

③ 锅内的余油继续烧热，放入面条炒匀，加入玉米粒、肉末翻炒均匀即可。

功效：

鱼香肉末炒面富含丰富的蛋白质、碳水化合物、谷氨酸、黄体素、膳食纤维、矿物质等，能清除人体内废物，帮助脑组织里氨的排出，使宝宝更聪明。玉米中的膳食纤维含量很高，能刺激胃肠蠕动，可以防止宝宝便秘、肠炎等。

什锦烩饭

做法：

① 胡萝卜、香菇洗净，切成丁；虾仁、玉米粒、豌豆洗净，虾仁剁碎。

② 锅中倒入一些油，将虾仁、玉米粒、豌豆、胡萝卜丁、香菇丁下锅，炒熟。

③ 加少量水，倒入米饭，翻炒片刻即可。

功效：

什锦烩饭颜色丰富，营养均衡，富含碳水化合物、蛋白质、矿物质以及多种氨基酸和维生素，不仅可以提高宝宝身体免疫力，还能促进宝宝牙齿和骨骼的健康生长。

主要营养素

碳水化合物、蛋白质、矿物质

准备时间 10分钟

烹饪时间 20分钟

用料

米饭 半碗 香菇 适量

虾仁 适量 玉米粒 适量

胡萝卜 适量 豌豆 适量

植物油 适量

香橙烩蔬菜

做法：

① 青菜择洗干净，切小段；香菇、金针菇洗净，切成丁，焯熟。

② 油锅烧热，将青菜、香菇丁、金针菇丁放入炒一下，加入高汤稍煮，倒入橙汁即可。

功效：

香橙烩蔬菜含有大量的碳水化合物和一定量的柠檬酸以及丰富的维生素C，能增强宝宝免疫力，还能补充膳食纤维，帮助宝宝排便。添加辅食后，宝宝很容易出现便秘，这道菜会有所帮助。

主要营养素

碳水化合物、柠檬酸、维生素C

准备时间 3分钟

烹饪时间 10分钟

用料

橙汁 100毫升 青菜 30克

香菇 2朵 金针菇 20克

高汤 适量 植物油 适量

小餐椅的叮咛

把煮熟的鹌鹑蛋装进密封的盒子里，加少许水，盖上盖，摇晃3~4分钟。打开盒盖再剥，鹌鹑蛋壳就能又快又好地给剥掉了，而且一点都不会伤到蛋白。鹌鹑蛋要适量给宝宝吃，一次不能过多，蛋白要视情况，防止宝宝出现过敏等症状。

主要营养素

蛋白质、膳食纤维、钙

准备时间 15分钟

烹饪时间 15分钟

用料

蘑菇 50克 鹌鹑蛋 5个

青菜 2棵 高汤 适量

植物油 适量

蘑菇鹌鹑蛋汤

做法：

① 蘑菇洗净，切小块；青菜洗净，切成小段；锅中放冷水，用小火煮熟鹌鹑蛋，去壳。

② 油锅烧热后，放入蘑菇煸炒，然后加入高汤，煮开后放入青菜段、鹌鹑蛋再煮3分钟即可。

功效：

蘑菇鹌鹑蛋汤营养价值高，味道鲜美。蘑菇的有效成分可增强T淋巴细胞功能，从而增强机体抵御各种疾病的免疫力；蘑菇还富含膳食纤维和木质素，对预防便秘有良好的效果。这道汤尤其适合免疫力低的宝宝食用。

主要营养素

氨基酸、铁

准备时间 10分钟

烹饪时间 10分钟

用料

肉末 50克

黑木耳 20克

肉末炒黑木耳

做法：

① 黑木耳泡发后，择洗干净，切碎。

② 油锅烧热，下肉末炒至变色，下黑木耳，炒熟即可。

功效：

肉末炒黑木耳口味鲜美、质感可口，非常适合咀嚼和消化功能不太强的宝宝食用。肉末所含氨基酸接近人体的需求。黑木耳中铁的含量极为丰富，是猪肝的7倍多，常吃可以防治宝宝的缺铁性贫血。

茄子炒肉

做法：

① 将茄子洗净，去皮，切成丁。

② 锅中放油，烧热后放肉末煸炒，盛出。

③ 锅中再倒油，油热后倒入茄子丁，翻炒片刻后下肉末一起炒，炒熟即可。

小餐椅的叮咛

用植物油炒菜时，油温不宜过热，也不要倒入过多的油。有条件的家庭，可以选择橄榄油给宝宝烹制辅食。

功效：

茄子炒肉营养丰富，含有蛋白质、碳水化合物、维生素以及钙、磷、铁等多种营养成分，可清热解暑，对于皮肤娇嫩、容易长痱子的宝宝有良好的预防作用，夏天可以适当给宝宝添加。

主要营养素

蛋白质、碳水化合物、维生素

准备时间 15分钟

烹饪时间 10分钟

用料

茄子 60克

肉末 40克

植物油 适量

丝瓜香菇肉片汤

做法：

① 将丝瓜去皮洗净，切片；香菇洗净，切丁；豆腐洗净，切块；猪肉洗净，切片。

② 将丝瓜片、香菇丁、豆腐块放入开水锅内煮沸后，下猪肉片，煮熟即可。

功效：

丝瓜有很强的抗过敏功效，其中B族维生素的含量较高，可以帮助宝宝大脑的健康发育。香菇和肉片都是高蛋白食物，可以提高机体免疫能力，增强宝宝对疾病的抵抗能力。

主要营养素

B族维生素、蛋白质

准备时间 10分钟

烹饪时间 20分钟

用料

猪肉 50克 丝瓜 半根

香菇 3朵 豆腐 适量

五色紫菜汤

做法：

① 将紫菜撕碎；豆腐切块；香菇、竹笋洗净，切丝，焯水；菠菜洗净，切段，焯水。

② 另取一锅加水煮沸，下所有蔬菜，煮熟即可。

功效：

五色紫菜汤具有高蛋白、高维生素、低糖、低脂的特点，有助于增强机体的免疫功能，提高防病抗病能力。此汤还富含膳食纤维，能有效地促进胃肠蠕动，加速粪便排泄，可以防治宝宝便秘。

主要营养素

蛋白质、维生素

准备时间 10分钟

烹饪时间 15分钟

用料

紫菜	适量	竹笋	10克
豆腐	50克	菠菜	1棵
香菇	2朵		

小餐椅的叮咛

竹笋选购有窍门：一要看根部，根部的"痣"要红，"痣"红的笋鲜嫩；二要看节，节与节之间距离越近，笋越嫩；三要看壳，外壳色泽鲜黄或淡黄略带粉红，笋壳完整且饱满光洁的质量较好。

主要营养素

蛋白质、维生素、碳水化合物

准备时间 10分钟

烹饪时间 30分钟

用料

排骨 100克

白菜 50克

香菜 适量

排骨白菜汤

做法：

① 排骨洗净，汆水；白菜洗净，取菜帮切丝；香菜洗净，切段。

② 锅中放入适量的水，加排骨，大火烧开后转小火炖至熟烂，放白菜丝略煮，出锅前撒上香菜即可。

功效：

排骨含有丰富的优质蛋白质、维生素、碳水化合物以及钙、磷、钾等矿物质。白菜含有丰富的胡萝卜素、维生素B_1、维生素C、膳食纤维等。因此，排骨白菜汤不但能给宝宝补充营养，还能促进肠壁蠕动，帮助宝宝消化。

时蔬浓汤

做法：

① 黄豆芽洗净，切段；土豆、西红柿洗净，切丁。

② 高汤加水煮开后放入所有蔬菜，大火煮沸后，转小火，熬至浓稠状即可。

功效：

时蔬浓汤，食材种类多，味道丰富，颜色搭配也很漂亮，能够增强宝宝的食欲。西红柿所含的维生素C可以促进宝宝的生长，而苹果酸和柠檬酸等有机酸，还有增加胃液酸度，调整胃肠功能的作用。

我今天乖乖地坐在自己的椅子上吃完了饭，因为妈妈做的浓汤太好喝了。

主要营养素

维生素C、苹果酸、柠檬酸

准备时间 5分钟

烹饪时间 20分钟

用料

西红柿 1个 黄豆芽 50克

土豆 1个 高汤 适量

小餐椅的叮咛

宝宝如果正在拉肚子或是患了其他腹泻疾病，应当忌食西红柿。因为西红柿有助消化的功能，并且西红柿性微寒。无论何种原因导致的腹泻都忌食性寒食物，否则会加重胃肠受凉，从而增加治疗的难度。

玉米鸡丝粥

做法：

① 大米淘洗干净，加水煮成粥；芹菜洗净切丁。

② 鸡肉切丝，放入粥内同煮。

③ 粥熟时，加入玉米粒和芹菜丁，稍煮片刻即可。

功效：

玉米含有较多的谷氨酸和膳食纤维，不仅有健脑的功效，能让宝宝更聪明，还有刺激胃肠蠕动，防治宝宝便秘的作用。鸡丝是高蛋白的食物，脂肪含量非常低，而且多为不饱和脂肪酸，是消化能力不太强的宝宝的理想食品。

主要营养素

谷氨酸、膳食纤维、蛋白质

准备时间 5分钟

烹饪时间 30分钟

用料

鸡肉 40克 大米 50克

玉米粒 20克 芹菜 适量

小餐椅的叮咛

芋头一定要煮熟，否则芋头中的黏液会刺激宝宝咽喉。婴儿器官尚未发育完全，以免对宝宝身体造成伤害。此外还要注意避免芋头过敏。如有疑似过敏症状，应立即停止进食，严重者应立即就医。

妈妈，这个面面的、甜甜的东西是什么呀？好好吃哦。

主要营养素

亚油酸、维生素E

准备时间 20分钟

烹饪时间 10分钟

用料

芋头 50克

玉米粒 50克

玉米芋头泥

做法：

① 将芋头去皮洗净，切块，加水煮熟；玉米粒洗净，煮熟后放入搅拌器中搅拌成玉米蓉。

② 将熟芋头压成泥状，倒入玉米蓉搅拌均匀即可。

功效：

玉米中营养物质含量丰富，有增强人体新陈代谢、调节神经功能的作用，特别适合处在生长发育期的宝宝食用。

以往辅食翻新做

11个月的宝宝咀嚼能力和吞咽能力有了一定的提高，已经可以吃各种蔬菜、肉类、蛋类、豆制品等。妈妈在制作辅食时，要注意烹饪方法，采用蒸、煮的方式，比炸、炒的方式能保留更多的食物营养元素，口感也比较松软，最适合这一月龄段的宝宝。

主要营养素

蛋白质、钙、磷

准备时间 30分钟

烹饪时间 20分钟

用料

宝宝面条 50克 肉末 50克

黄瓜 20克 黑木耳 3朵

葱花 适量

丸子面

做法：

① 黄瓜洗净切片；黑木耳用水泡发后切碎。

② 将肉末按顺时针方向搅成泥状，分3次加几滴水，再挤成肉丸。

③ 将面条煮熟，捞出放在碗中备用。

④ 将肉丸、黑木耳、黄瓜片一起放入沸水中煮熟后，捞出放入面碗中，撒上葱花即可。

功效：

丸子面不仅含有丰富的蛋白质和钙、磷、铁等矿物质，还含有多种维生素和微量元素，能够促进宝宝健康成长，对提高宝宝的免疫力和维持体内酸碱平衡都有着重要意义。

小餐椅的叮咛

牛肉的纤维组织较粗，结缔组织又较多，应横切，将长纤维切断，不能顺着纤维组织切，否则不仅没法入味，还嚼不烂。烹饪时放一个山楂或一块橘皮，牛肉易烂，还能让牛肉更香。

主要营养素

蛋白质、氨基酸、铁

准备时间 5分钟

烹饪时间 3小时

用料

牛腩 50克 猪棒骨 100克

面条 50克 香菜 适量

牛腩面

做法：

① 将整块牛腩与猪棒骨汆水；锅中放水，加入牛腩与棒骨，小火炖2小时。

② 取出牛腩切小块，放回肉汤中继续炖20分钟。

③ 将面条煮熟，加入肉汤、牛腩，撒上香菜即可。

功效：

牛腩富含蛋白质，氨基酸组成比猪肉更接近人体需要，能提高宝宝抵抗疾病的能力。与鸡、鱼中少得可怜的铁含量形成对比的是，牛腩中富含铁质。因此，牛腩面是给宝宝补铁的上好食品。

主要营养素

蛋白质、维生素、矿物质

准备时间 10分钟

烹饪时间 15分钟

用料

三文鱼 50克 西红柿 半个

芋头 2个 吐司面包 1片

三文鱼芋头三明治

做法:

① 三文鱼洗净，上锅蒸熟后，捣碎备用；西红柿洗净，切片。

② 芋头上锅蒸熟，去皮后捣碎，加入三文鱼泥，搅拌均匀。

③ 吐司面包对角切三角形，将做好的三文鱼芋泥涂抹在吐司面包上，加入西红柿片，盖上另一半吐司面包即可。

功效:

三文鱼肉质鲜美，营养丰富，是世界上最有益健康的鱼种之一。三文鱼含有丰富的蛋白质、维生素A、维生素D、维生素B_6、维生素B_{12}及多种矿物质，可以促进血液循环，提高宝宝的免疫力。

素菜包

做法：

① 面粉加水和好，加酵母发酵后，分成若干剂子，做成圆皮备用。

② 小白菜择洗干净，放入热水中焯一下，晾凉后切碎，挤去水分。

③ 香菇去蒂洗净；将香菇、豆腐干分别切成小丁，连同切碎的小白菜放在大碗中，加适量香油拌成菜馅。

④ 面皮包上馅后，把口捏紧，然后上笼用大火蒸10分钟即可。

小餐椅的叮咛

包子皮要尽量擀薄。对平常不喜欢吃青菜的宝宝，要尽可能多地放些各种各样的蔬菜来加强维生素的摄入。在蒸笼上垫些白菜叶，蒸包子时皮就不会粘底了。

主要营养素

维生素C、B族维生素

准备时间 20分钟

烹饪时间 10分钟

用料

面粉 100克 小白菜 50克
香菇 5朵 豆腐干 3片
香油 适量

功效：

素菜包面皮松软，菜馅鲜美，非常适合宝宝食用。素菜包中的蔬菜可以提供丰富的维生素C和B族维生素，全面的营养为宝宝的健康成长护航，让宝宝的免疫功能得到提高。宝宝少生病，才会更聪明。

1岁宝宝体格发育指标

1岁	体重（千克）	身高（厘米）	头围（厘米）
男宝宝	10.69±1.11	76.2±2.5	46.7±1.2
女宝宝	10.29±0.99	74.6±2.4	45.6±1.4

第十章 1岁了，能吃蒸全蛋了

一天6顿饭怎么吃

主食：蒸全蛋、肉汤、米饭、花样粥、面条、鱼肉、虾仁、肉末、碎菜

辅食：母乳或配方奶

餐次：每4~5小时1次，每天6次

第1顿：母乳或配方奶

第2顿：蒸全蛋

第3顿：花样粥（碎菜、虾仁、面条）

第4顿：母乳或配方奶

第5顿：米饭（肉末、鱼肉、肉汤）

第6顿：母乳或配方奶

（1~2岁的宝宝，每天建议3次奶、3次饭，总奶量应在500~600毫升）

1岁的宝宝有的已经学会走路了，有的正在扶着物体学走路，体力大量消耗，如果还厌烦妈妈喂饭，就很容易导致营养不足。宝宝这一阶段喂养的原则是营养全面，以保证身体生长需要。现在开始，宝宝的饭菜中可以加入微量的盐等调味品来调味，但要注意不能和大人的口味一样。另外，一定要给宝宝营造一个愉快的进餐环境，妈妈可以把食物的颜色搭配得丰富一些，或者结合平时给宝宝讲的童话故事来吸引宝宝进食。宝宝表示不愿意吃的时候，不要强迫宝宝进食，也不要以追着宝宝喂饭的方式来进食，否则容易养成不良的进餐习惯，不利于宝宝的消化吸收。

新加的饭饭

宝宝正处于以乳类为主食向普通食物转化的时期，小牙齿越来越多了。妈妈可以逐渐给宝宝吃以前不能吃的食物。但是宝宝的消化系统还没有发育完善，软烂型的食物最适合宝宝。三餐热量要根据宝宝活动的规律合理分配，食物种类要多样化，一周内的食谱尽量不要重复，以保证宝宝良好的食欲。

主要营养素

蛋白质、卵磷脂

准备时间 20分钟

烹饪时间 15分钟

用料

鸡蛋 2个 鸡肉 100克

面粉 适量 盐 适量

植物油 适量

鸡肉蛋卷

做法：

① 鸡肉洗净，剁成泥，加适量盐搅拌均匀。

② 将鸡蛋打到碗里，加适量面粉、水搅成面糊。

③ 平底锅加油烧热，然后倒入面糊，用小火摊成薄饼。

④ 将薄饼放在盘子里，加入鸡肉泥，卷成长条，上锅蒸熟即可。

功效：

鸡肉中蛋白质的含量较高，而且易消化，很容易被人体吸收利用，有增强体力、强壮身体的作用。鸡蛋中含有对人体生长发育有重要作用的卵磷脂、氨基酸，可以促进宝宝大脑神经系统与脑容积的增长、发育，让宝宝更聪明。

小餐椅的叮咛

1岁的宝宝可以吃全蛋了，但是3岁之前的宝宝肠胃消化功能尚未成熟，过多摄入鸡蛋会增加肠胃的负担，严重时还会引起消化不良性腹泻，因此，此时的宝宝以每天或隔天吃1个全鸡蛋为宜。

主要营养素

蛋白质、脂肪、维生素B_1

准备时间 10分钟

烹饪时间 10分钟

用料

米饭 半碗 鸡蛋 1个

香菇 2朵 虾仁 5个

胡萝卜 半根 植物油 适量

盐 适量 葱花 适量

虾仁蛋炒饭

做法：

① 鸡蛋打散后倒入米饭搅匀。

② 胡萝卜洗净、切丁，焯熟；香菇洗净，切丁。

③ 油锅置火上，油热后倒入虾仁略炒，加米饭，翻炒至米粒松散，倒入胡萝卜丁、香菇丁、葱花，翻炒均匀，加盐调味即可。

功效：

虾仁蛋炒饭含有人体必需的蛋白质、脂肪、维生素B_1、烟酸、维生素C及钙、铁等营养成分，可以提供人体所需的营养、热量，容易消化吸收，而且颜色丰富，最能引起宝宝的食欲。

主要营养素

蛋白质、胡萝卜素、钙

准备时间 5分钟

烹饪时间 15分钟

用料

鸡蛋 1个 豆腐 50克

胡萝卜 半个 西红柿 半个

盐 适量

三味蒸蛋

做法：

① 豆腐略煮，捞出压成碎末；西红柿、胡萝卜分别洗净榨成汁；鸡蛋打散。

② 将西红柿汁、豆腐末、胡萝卜汁、盐倒入蛋液碗中搅匀。

③ 放入蒸锅内蒸10~15分钟即可。

功效：

三味蒸蛋食材丰富、搭配科学且营养均衡，非常适合宝宝食用。三味蒸蛋富含蛋白质、胡萝卜素、钙、磷等多种对人体有益的微量元素，可以促进宝宝骨骼和牙齿生长，是宝宝补钙的理想食物。

蛤蜊蒸蛋

做法：

① 蛤蜊用盐水浸泡，待其吐净泥沙，放入沸水中烫至蛤蜊张开，取肉切碎待用；虾仁、蘑菇洗净切丁。

② 鸡蛋打散，加少量盐，将蛤蜊、虾仁、蘑菇丁放入鸡蛋中拌匀，一起隔水蒸15分钟即可。

功效：

蛤蜊蒸蛋营养价值非常高。蛤蜊含有蛋白质、脂肪、碳水化合物、铁、钙、磷、碘、维生素、氨基酸和牛磺酸等多种成分，是一种低热能、高蛋白的食材，有助于提高宝宝记忆力，促进宝宝的生长发育。

妈妈做的饭饭口味越来越多了，不知道明天有什么好吃的呢？

主要营养素

蛋白质、脂肪、碳水化合物

准备时间 10分钟

烹饪时间 15分钟

用料

蛤蜊 5个 虾仁 2个

鸡蛋 1个 蘑菇 3朵

盐 适量

小餐椅的叮咛

蛤蜊一定要买鲜活的，然后提前将蛤蜊放入调好的淡盐水中泡2小时以上，蛤蜊可基本上吐尽泥沙。也可以在盐水里加几滴植物油，蛤蜊能很快吐出沙子。

鸡肉炒藕丝

做法：

① 将鸡肉、红甜椒、黄甜椒洗净切成丝；莲藕去皮，洗净切丝。

② 油锅烧热，放入红甜椒丝和黄甜椒丝，炒到有香味时，放入鸡肉丝。

③ 炒到收干时加藕丝，炒透后加少许盐调味即可。

功效：

鸡肉炒藕丝除含葡萄糖、蛋白质外，还含有钙、铁、磷及多种维生素，有益血补气的功效。生藕性凉，做熟后其性由凉变温，既易于消化，又有温补肠胃的功效，非常适合肠胃娇弱的宝宝食用。

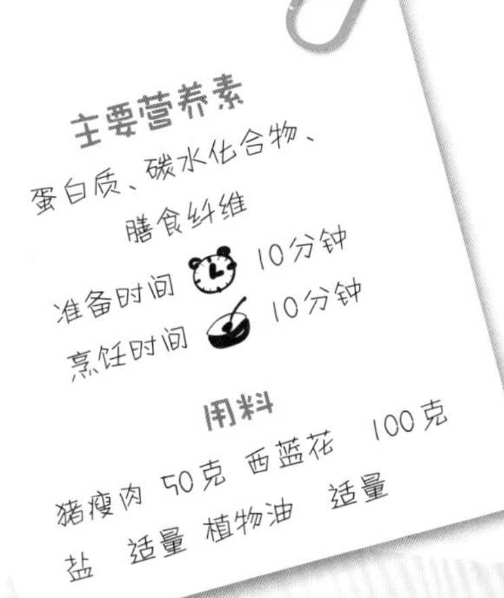

小餐椅的叮咛

挑选西蓝花时，手感越重的，质量越好。不过，也要避免其花球过硬，这样的西蓝花比较老。妈妈在制作宝宝食物的时候，要把西蓝花摘成小朵，鼓励宝宝多嚼几次，更有利于营养吸收。

肉丁西蓝花

做法：

① 猪瘦肉切丁；西蓝花洗净，掰成小朵，焯烫后捞出。

② 油锅置火上，五成热时放入肉丁，快炒熟时，下西蓝花略炒，加盐调味即可。

功效：

肉丁西蓝花含有丰富的蛋白质、碳水化合物、膳食纤维、维生素和钙、磷、铁等矿物质，营养均衡。西蓝花质地细嫩，味甘鲜美，食后极易消化吸收，其嫩茎纤维烹炒后柔嫩可口，尤其适宜于脾胃虚弱、消化功能不强的宝宝食用。

主要营养素

膳食纤维、维生素、钙

准备时间 10分钟

烹饪时间 5分钟

用料

土豆 半个 胡萝卜 半个

荸荠 3个 蘑菇 2朵

黑木耳 3朵 盐 适量

植物油 适量

五宝蔬菜

做法：

① 黑木耳用水泡发，洗净；将土豆、荸荠洗净削皮，切成片；蘑菇、胡萝卜洗净切片。

② 锅内加油烧热，先炒胡萝卜片，再放入蘑菇片、土豆片、荸荠片、黑木耳翻炒，炒熟后加适量盐调味即可。

功效：

五宝蔬菜颜色搭配非常漂亮，能一下子吸引宝宝的注意力，从而提高宝宝的食欲。五宝蔬菜营养丰富，既可以促进宝宝的身体发育，还可促进宝宝的大脑发育，提高智力水平。

主要营养素

维生素C、菠萝蛋白酶

准备时间 20分钟

烹饪时间 10分钟

用料

牛肉 100克 淀粉 适量

菠萝 1/4个 盐 适量

植物油 适量 香菜末 适量

菠萝牛肉

做法：

① 牛肉洗净切成小丁，加淀粉抓匀，略腌20分钟；菠萝用淡盐水浸泡20分钟，洗净切成小丁。

② 起油锅，爆炒牛肉丁后再加菠萝丁翻炒至熟，加入盐、香菜末调味即可。

功效：

菠萝营养丰富，维生素C含量是苹果的5倍，还富含菠萝蛋白酶，能帮助人体对蛋白质的消化。菠萝搭配牛肉清炒，可以减少肉汁的肥腻感，口感更佳，增加宝宝的食欲。

小餐椅的叮咛

如果给宝宝直接食用菠萝，要先用淡盐水浸泡20分钟再食用。一般浸泡时间不要超过30分钟，盐水浸泡时间过长会使菠萝丧失保健作用。

虾丸韭菜汤

做法：

① 鲜虾去头，去壳，去虾线，洗净，剁成虾蓉；鸡蛋打开，将蛋黄和蛋清分开；韭菜洗净，切成末。

② 虾蓉中放蛋清、盐、淀粉，搅成糊状；将蛋黄放入油锅，摊成鸡蛋饼，切成丝。

③ 锅内放适量水，开锅后用小勺舀虾糊氽成虾丸，然后放蛋皮丝，再次开锅后，放韭菜末，略煮即可。

功效：

虾含有20%的蛋白质，是蛋白质含量很高的食品之一。韭菜含有丰富的膳食纤维，与虾丸搭配做汤，能提供优质蛋白质，同时可促进胃肠蠕动，保持大便通畅，防止宝宝便秘。

主要营养素

蛋白质、膳食纤维

准备时间 35分钟

烹饪时间 20分钟

用料

鲜虾 200克 鸡蛋 1个

韭菜 20克 淀粉 适量

盐 适量 植物油 适量

主要营养素

蛋白质、碳水化合物、钙

准备时间 10分钟

烹饪时间 20分钟

用料

海蜇皮 50克

荸荠 3个

小餐椅的叮咛

务必要选择优质海蜇皮。优质海蜇皮应呈白色或浅黄色，有光泽，片大平整，无红衣、杂色，肉质厚实、均匀且有韧性，无腥臭味，口感松脆适口。劣质的海蜇皮颜色深，有异味，手捏韧性差，易碎裂。

海蜇皮荸荠汤

做法：

① 海蜇皮用水漂洗干净，切碎；荸荠洗净，去皮切片。

② 海蜇与荸荠片一起放入锅中，加水煮20分钟即可。

功效：

海蜇的营养极为丰富，据测定：每100克海蜇含蛋白质12.3克、碳水化合物4克、钙182毫克、碘132微克，还含有多种维生素。海蜇荸荠汤还是一味治病良药，有清热解毒、化痰软坚的功效，对肺热型咳嗽的宝宝有很好的治疗效果。

以往辅食翻新做

到了1岁的时候，一些宝宝对饮食的好恶倾向逐渐显露出来，挑食的宝宝也逐渐增多。宝宝的口味其实是爸爸妈妈培养出来的，所以爸爸妈妈要特别注意给宝宝添加辅食的方法，除了要以身作则不挑食和多给宝宝讲某些食物的好处之外，一个非常重要的方法就是改变食物的烹调方法，注意色香味形的搭配，增进宝宝的食欲。

主要营养素

碘、铁、钙、蛋白质

准备时间 15分钟

烹饪时间 10分钟

用料

米饭 50克 鸡蛋 1个

墨鱼 1只 虾仁 5个

干贝 适量 盐 适量

植物油 适量 淀粉 适量

海鲜炒饭

做法：

① 鸡蛋打散，分蛋清和蛋黄；墨鱼处理干净，切丁，和虾仁一起加淀粉，与部分蛋清拌匀，汆水捞出；干贝洗净，切碎；蛋黄煎成蛋皮，切丝。

② 油锅置火上，将剩余蛋清、墨鱼丁、干贝、虾仁拌炒，最后加入米饭、盐炒匀即可。

功效：

海鲜炒饭营养丰富，含有碘、铁、钙、蛋白质、脂肪、甘露醇、胡萝卜素、维生素B_1、烟酸等人体所需要的营养成分，易为人体吸收，味道又特别鲜美，能刺激食欲和促进唾液分泌，还有较好的滋补作用，特别适合宝宝食用。

苦瓜煎蛋饼

做法：

① 苦瓜洗净，去瓤，切碎，用开水焯一下，水中放盐，变色后捞出沥干。

② 鸡蛋打开，加盐打散，加入苦瓜，拌匀。

③ 油锅烧热，倒入苦瓜蛋液，用小火慢慢地煎至两面金黄；关火后用刀切成小块，出锅即可。

小餐椅的叮咛

苦瓜去苦的小技巧：第一种就是用小刀将苦瓜里面的白膜刮掉。第二种是将切好的苦瓜片放在冰水里浸泡，依靠冰水稀释苦瓜的苦味。第三种就是将苦瓜放在淡盐水里浸泡20分钟，之后用手挤出水，但是这种方法营养流失最大。

主要营养素

蛋白质、碳水化合物、膳食纤维

准备时间 5分钟

烹饪时间 10分钟

用料

苦瓜 半根 鸡蛋 2个

盐 适量 植物油 适量

功效：

苦瓜含丰富的蛋白质、碳水化合物、膳食纤维、胡萝卜素、苦瓜苷、磷、铁、氨基酸等营养素，可以增强人体免疫功能。炎热的夏季，宝宝很容易食欲不振，还经常上火。苦瓜煎蛋饼，清香可口，既清火，又不失营养，最适合宝宝食用。

主要营养素

蛋白质、氨基酸、钙

准备时间 12小时

烹饪时间 35分钟

用料

淡菜 10克 猪瘦肉 50克

大米 100克 干贝 适量

盐 适量

淡菜瘦肉粥

做法：

① 淡菜、干贝浸泡12小时；猪瘦肉切末；大米淘洗干净，浸泡1小时。

② 锅置火上，加适量水煮沸，放入大米、淡菜、干贝、猪瘦肉末同煮，煮至粥熟后加盐调味即可。

功效：

淡菜被称为“海中鸡蛋”，含有丰富的蛋白质、氨基酸、钙、磷、铁、锌、维生素等营养元素，其营养价值高于一般的贝类和鱼、虾、肉等，对促进新陈代谢，保证大脑和身体活动的营养供给具有积极的作用。多吃此粥，宝宝会更聪明。

鲫鱼竹笋汤

做法：

① 将鲫鱼处理干净；竹笋去外壳，洗净，切片，焯水；蘑菇洗净，切成小片。

② 油锅烧热，放入鲫鱼，将鲫鱼两面略煎，加适量水，放入竹笋片和蘑菇片，大火烧开后转小火，30分钟起锅，加盐调味即可。

功效：

鲫鱼肉质细嫩，肉味甜美，含大量的蛋白质、脂肪、维生素A、B族维生素和铁、钙、磷等矿物质，易于消化吸收，经常食用能够增强宝宝抵抗力。冬季鲫鱼的味道尤其鲜美，尤其适合宝宝进补。

今天妈妈熬了乳白乳白的鱼汤，喝一口，都暖和到心里去了。

主要营养素

蛋白质、脂肪、维生素A

准备时间 10分钟

烹饪时间 35分钟

用料

鲫鱼 1条 竹笋 100克

蘑菇 5朵 盐 适量

植物油 适量

小餐椅的叮咛

只让宝宝喝鲫鱼汤，不可给宝宝食用鱼肉，因为鲫鱼刺多且小，宝宝极易被卡到，后果严重。如果想烧出一锅奶白鲫鱼汤，要记住关键的三点：一是活鱼；二是油煎；三是大火煮。

宝宝辅食
王中王

第十一章
1岁以后，试试像大人一样吃饭

一天6顿饭怎么吃

主食：米饭、花样粥、面条、包子、饺子、鱼、虾、肉、菜、水果、全蛋

辅食：母乳或配方奶

餐次：每4~5小时1次，每天6~7次。

第1顿：花样粥（菜、肉）

第2顿：母乳或配方奶

第3顿：水果

第4顿：米饭（鱼、虾）

第5顿：母乳或配方奶

第6顿：面条（包子、全蛋、饺子）

第7顿：母乳或配方奶

（1~2岁的宝宝，每天建议3次奶，3次饭，总奶量应在500~600毫升）

1岁以后是宝宝转奶的最佳时期，妈妈最好采用自然转奶的方法，转奶后，要让配方奶做母乳的接力棒。同时，宝宝每天至少应该进食10种以上的食物，包括谷物类、肉、蛋、蔬菜、水果、奶等，每日三次奶的摄入，三餐正餐加1~2次水果。在保证宝宝能摄取足够营养的前提下，爸爸妈妈还应该培养宝宝良好的饮食习惯。1岁以后，有些宝宝已经能够自己拿着小勺子吃饭了，宝宝们会弄脏衣服，打翻盘子，爸爸妈妈可以给宝宝准备好小围嘴、宝宝餐具、湿巾以及在宝宝周围的地上铺上报纸等等，就可以避免很多麻烦。宝宝在“自己吃”的过程里，并不是想要吃饱饭，他（她）的注意力还是在“自己”上。所以妈妈不妨先喂他（她）吃到七成饱，然后再由着宝宝去学习和尝试“自己吃”的乐趣。

新加的饭饭

此阶段的宝宝消化器官尚在完善中，虽然已经进食普通食物，但还不能与成人饮食相同，应强调碎、软、新鲜，忌食煎炸、过甜、过咸、过酸和刺激性食物。主食以谷类为主，要勤换花样，保证肉、蛋、奶各类蛋白质的供应，以满足这个时期宝宝身体发育的需要。

主要营养素

蛋白质、脂肪、B族维生素

准备时间 3小时

烹饪时间 1小时

用料

大米 50克 红豆 50克

黑芝麻 适量 白芝麻 适量

大米红豆饭

做法：

① 红豆洗净，在水中浸泡2~3个小时；黑芝麻、白芝麻炒熟。

② 将红豆捞出，放入锅中，加入适量水煮开，转小火煮至熟。

③ 将大米淘洗干净与煮熟的红豆一起放入电饭锅，加水煮饭。

④ 煮好后拌入炒熟的黑芝麻、白芝麻即可。

功效：

大米红豆饭富含蛋白质、脂肪、B族维生素、钾、铁、磷等营养成分，可以增强宝宝的免疫力，还有供给热量的功能。红豆有较多的膳食纤维，具有良好的润肠通便功能，可以防止宝宝便秘。

小餐椅的叮咛

妈妈可以自己做饺子皮，变换方法，营养更全面。比如使用带麸皮的全麦面粉，或者在面粉中加入豆面，不仅增加了B族维生素的含量，而且粗粮中富含的膳食纤维，可以防止宝宝便秘。在面粉中加蔬菜汁会增加营养素含量。

主要营养素

膳食纤维、蛋白质、脂肪酸

准备时间 30分钟

烹饪时间 10分钟

用料

饺子皮 10张 白菜 30克

肉末 50克 鸡蛋 2个

高汤 适量 葱花 适量

盐 适量

小饺子和小馄饨长得好像，咬一口还有好多汁汁呢。

鲜汤小饺子

做法：

① 白菜择洗干净，剁碎；鸡蛋打散。

② 将白菜末与肉末混合，加盐、蛋液拌匀，用饺子皮包成小饺子。

③ 高汤煮沸，下饺子煮沸后加少量冷水，再次煮沸加冷水，反复3次以上，煮熟后撒上葱花即可。

功效：

白菜含大量膳食纤维，可以促进肠壁蠕动，帮助消化。肉末为宝宝提供优质的蛋白质和必须的脂肪酸，还可以提供血红素铁和促进铁吸收的半胱氨酸，能改善宝宝的缺铁性贫血。鸡蛋也是高蛋白食物。因此，鲜汤饺子是一道多功能的辅食，非常适合宝宝食用。

主要营养素

膳食纤维、蛋白质、钙

准备时间 10分钟

烹饪时间 20分钟

用料

白菜 20克 猪瘦肉 50克

鸡蛋 1个 面条 50克

盐 适量

白菜肉末面

做法：

① 猪瘦肉洗净，剁成碎末；白菜择洗干净，切成碎末。

② 将水倒入锅内，加入面条煮软后，加入肉末、白菜末稍煮，再将鸡蛋调散后淋入锅内，加盐调味即可。

功效：

白菜含有90%以上的膳食纤维。膳食纤维被现代营养学家称为“第七营养素”，不但能起到促进排毒的作用，又具有刺激肠胃蠕动，促进大便排泄，帮助消化的功能。膳食纤维的另一重要作用，就是能促进人体对动物蛋白质的吸收。白菜与高蛋白的猪瘦肉、鸡蛋一起烹饪，正好可以发挥这个功效。

香菇通心粉

做法：

① 将土豆去皮洗净，切丁；胡萝卜洗净，切丁；香菇洗净，切成片。

② 将土豆丁、胡萝卜丁、香菇片放入锅中，加水煮熟，捞出。

③ 锅中加水烧开，放入通心粉，调入适量盐，煮熟放入大盘中，逐层放土豆丁、胡萝卜丁、香菇片即可。

功效：

通心粉富含碳水化合物、膳食纤维、蛋白质和钙、镁、铁、钾、磷、钠等矿物质。通心粉有良好的附味性，它能吸收各种鲜美配菜和汤料的味道，易于消化吸收，有改善宝宝贫血、增强免疫力、平衡营养吸收等功效。

妈妈今天给我做了外国小朋友吃的通心粉，口味果然不一样哦！

主要营养素

碳水化合物、膳食纤维、蛋白质

准备时间 5分钟

烹饪时间 15分钟

用料

通心粉 50克 土豆 半个

胡萝卜 半根 香菇 2朵

盐 适量

小餐椅的叮咛

通心粉的韧度比一般的面条要大，想要煮出又软又有弹性的通心粉要讲究方法：必须等水完全滚沸才能将通心粉下入锅中，并在水中加入一小勺盐，加盐的目的在于使面条有味道并且可以使面条更有弹性，还应该不时用筷子搅拌，以免粘锅。

香菇烧豆腐

做法:

① 香菇洗净去蒂；冬笋洗净切片。

② 将豆腐切块，待锅中水烧开后加少许盐，下豆腐焯烫，捞出备用。

③ 油锅烧热，依次加入香菇片、冬笋片翻炒，倒入泡香菇的水，下豆腐，加高汤烧煮片刻，加盐调味即可。

功效:

豆腐富含蛋白质、铁、钙、磷、镁和其他人体必需的多种微量元素。香菇富含B族维生素、铁、钾、维生素D原(经日晒后转成维生素D)，能帮助钙的吸收，所以这是一道简易的宝宝补钙食品。

主要营养素

蛋白质、铁、钙、磷

准备时间 10分钟

烹饪时间 20分钟

用料

豆腐 1块 香菇 3朵

冬笋 20克 高汤 适量

盐 适量 植物油 适量

黑木耳煲猪蹄

做法：

① 黑木耳洗净，泡发后撕成小朵；红枣、枸杞子分别洗净；猪蹄切开，入沸水汆一下。

② 锅内加入猪蹄块、黑木耳、红枣、枸杞子，加适量水，煲2小时，调入盐，略煮即可。

功效：

黑木耳煲猪蹄中铁的含量极为丰富。常吃黑木耳能让宝宝肌肤红润，并可防治缺铁性贫血。黑木耳中的胶质可把残留在人体消化系统内的灰尘、杂质吸附集中起来排出体外，从而起到清胃涤肠的作用。

上汤娃娃菜

做法：

① 娃娃菜择洗干净，取菜心；香菇洗净，切丁。

② 锅置火上，加入高汤煮开，下入娃娃菜菜心、香菇丁煮10分钟，加入盐调味即可。

功效：

上汤娃娃菜含有丰富的蛋白质、碳水化合物、胡萝卜素、维生素B_1、维生素B_2、维生素C、烟酸、膳食纤维、钙、磷、铁等。其中维生素C、核黄素的含量分别比苹果和梨高出5倍和4倍。

主要营养素

蛋白质、碳水化合物、胡萝卜素

准备时间 10分钟

烹饪时间 15分钟

用料

娃娃菜 1棵 香菇 3朵

高汤 适量 盐 适量

主要营养素

蛋白质、脂肪、碳水化合物

准备时间 40分钟

烹饪时间 20分钟

用料

滑子菇 100克 肉馅 100克
胡萝卜 10克 盐 适量
面粉 适量 高汤 适量

妈妈做的肉丸吃着很有嚼劲呢，看着像小球球，不知道能不能滚起来呢？

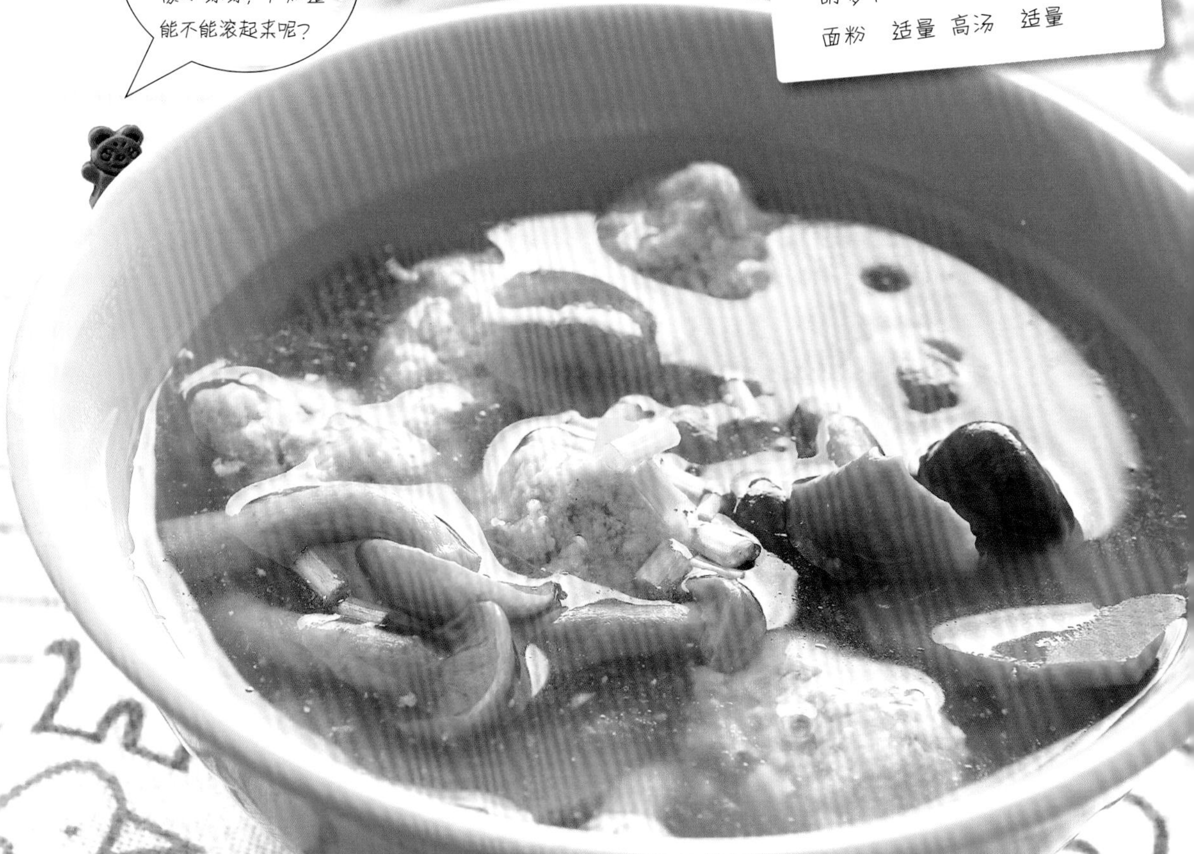

滑子菇炖肉丸

做法：

① 滑子菇洗净；胡萝卜洗净，切片；肉馅加盐、面粉按顺时针搅拌均匀，做成肉丸子。

② 锅中加入高汤，烧沸后下肉丸，小火煮开，再放入滑子菇、胡萝卜片，调入盐煮熟即可。

功效：

滑子菇含有粗蛋白、脂肪、碳水化合物、膳食纤维、钙、磷、铁、维生素B、维生素C、烟酸和人体所必需的其他各种氨基酸，易于宝宝吸收。滑子菇炖肉丸味道鲜美、营养丰富，对保持宝宝的精力和脑力大有益处。

主要营养素

蛋白质、脂肪、矿物质

准备时间 10分钟

烹饪时间 30分钟

用料

猪肉 200克 海带 50克

盐 适量 植物油 适量

海带炖肉

做法：

① 猪肉切小块氽水；海带洗净切片。

② 油锅置火上，放猪肉块略炒，加水，大火烧开转小火炖至八成烂，下海带片，再炖10分钟左右，加盐调味即可。

功效：

海带炖肉含有丰富的蛋白质、脂肪、矿物质和维生素A及B族维生素，不仅味道鲜美，而且具有强身抗病的功效。海带中丰富的碘有促进宝宝大脑发育的作用。

小餐椅的叮咛

蛤蜊宜选择壳光滑、有光泽，外形相对扁一点的。一定要买活的，用手触碰外壳，能马上紧闭的，就是鲜活的。不会闭壳，或壳一直打不开的，大多是死蛤。还有一种方法，拿两个蛤蜊相互敲击外壳，声音清脆、坚实的，比较新鲜，声音沉闷的，则多是死蛤。

今天的饭饭很不同哦，一个个地像挂在我房间的小贝壳。

清炒蛤蜊

做法：

① 蛤蜊放入淡盐水中浸泡2小时，洗净；红甜椒和黄甜椒洗净，切片。

② 锅内加油烧热后，放入红甜椒片和黄甜椒片，爆香后放入蛤蜊，翻炒数下，加适量的高汤，大火煮至蛤蜊张开壳，加盐调味即可。

功效：

蛤蜊肉嫩味鲜，是贝类海鲜中的上品，被誉为“天下第一鲜”。蛤蜊的营养价值很高，含蛋白质、脂肪、碳水化合物、磷、钙、铁、维生素以及多种氨基酸等营养成分，可以强健脾胃，提高宝宝的食欲。

主要营养素

蛋白质、脂肪、碳水化合物

准备时间 2小时

烹饪时间 20分钟

用料

蛤蜊 200克 红甜椒 半个

黄甜椒 半个 高汤 适量

盐 适量 植物油 适量

主要营养素

碳水化合物、蛋白质、铁

准备时间 20分钟

烹饪时间 20分钟

用料

猪肝 30克 冬瓜 50克

馄饨皮 10张 盐 适量

冬瓜肝泥卷

做法：

① 冬瓜去皮、去瓤，洗净后切成末；猪肝洗净后，加水煮熟，剁成泥。

② 将冬瓜末和猪肝泥混合，加盐搅拌做成馅，用馄饨皮卷好，上锅蒸熟即可。

功效：

冬瓜肝泥卷含有丰富的碳水化合物、蛋白质、铁、磷、维生素C等微量元素，不但能提供宝宝身体正常运行的大部分能量，起到保持体温、促进新陈代谢的作用，还可以帮助造血，预防宝宝贫血。

泡芙

做法：

① 将鸡蛋打散；将牛奶兑适量水放锅里加热。

② 调小火加入黄油、盐、白糖搅匀，倒入筛好的面粉关火，再搅拌均匀成糊，分2次加入鸡蛋液搅拌均匀。

③ 将蛋糊装入裱花袋，挤出球形在烤盘中。烤箱预热180℃，烤20分钟。

④ 泡芙完全冷却后，在底部用手指挖一个洞，用小圆孔的裱花嘴插入，在里面挤入奶油即可。

功效：

泡芙含有丰富的蛋白质、脂肪、钙、维生素等营养成分，营养价值高，消化吸收也比较快。泡芙不含任何食品添加剂，爽口不腻，且多了一份自然的清香，是很多宝宝喜爱的辅食。

泡芙的名字好怪啊，虽然我不明白，但是吃了好几个呢。

蛋白质、脂肪、钙

准备时间 5分钟

烹饪时间 50分钟

用料

黄油 20克 牛奶 100克

面粉 35克 盐 适量

鸡蛋 2个 白糖 适量

奶油 适量

小餐椅的叮咛

鸡蛋液是用来调整面糊的厚度的，所以不是一定要全部加进去。加的时候要一点点加，把面糊调整到合适的厚度就可以了。

主要营养素

维生素、矿物质

准备时间 10分钟

烹饪时间 2分钟

用料

苹果 半个 梨 半个

橘子 半个 香蕉 半根

生菜叶 2片 酸奶 1杯

什锦水果沙拉

做法：

① 将香蕉去皮，切片；橘子剥开，分瓣；苹果、梨洗净，去皮、去核，切片；生菜洗净。

② 在盘里用生菜叶垫底，上面放香蕉片、橘子瓣、苹果片、梨片，再倒入酸奶拌匀即可。

功效：

水果沙拉不仅新鲜美味，而且营养价值极高。水果包含丰富的维生素、矿物质，以及促进消化的膳食纤维。每天吃水果沙拉有助于促进免疫系统健康，预防疾病和减少肥胖，并能够促进宝宝的身体健康。

主要营养素

蛋白质、钙、磷

准备时间 10分钟

烹饪时间 20分钟

用料

红薯 1个 生鸡蛋黄 2个

奶油 20克 白糖 适量

红薯蛋挞

做法：

① 红薯洗净去皮，蒸熟，压成泥状，加入白糖、生鸡蛋黄以及奶油搅拌均匀。

② 将调好的红薯糊舀到蛋挞模型里，放入预热180℃的烤箱内烤15分钟即可。

功效：

红薯蛋挞含有丰富的蛋白质、钙、磷等营养成分，供给宝宝充足的能量且促进脂溶性维生素的吸收，有利于宝宝的生长发育。松脆的挞皮，香甜的黄色凝固蛋浆，让蛋挞成为绝大多数宝宝的挚爱美食。

宝宝辅食
王中王
MOUSE

第十二章
功能食谱，宝宝怎么吃

父母花点小心思，学一点营养搭配知识，宝宝的喂养就会轻松而有效。食补胜于药补，喂出健康宝宝，其实并不难。这些特效食谱，让宝宝缺什么补什么。

补钙

钙是人体内含量最多的矿物质，99%存在于骨骼和牙齿之中，1%分布在血液、细胞间及软组织中。钙可以维持强健的骨骼和健康的牙齿，维持规则的心律，缓解失眠症状，帮助体内铁的代谢，强化神经系统。

主要营养素

蛋白质、铁、钙

准备时间 10分钟

烹饪时间 30分钟

用料

鲫鱼 1条 豆腐 1块

盐 适量 植物油 适量

葱花 适量

鲫鱼豆腐汤

做法：

① 将鲫鱼处理干净，鱼身两侧划几道花刀；豆腐切丁，入沸水锅中焯水，捞出沥水。

② 锅中放油烧热，放鲫鱼煎至两面金黄，加入适量的水，大火烧10分钟，加豆腐丁，烧开后转小火炖10分钟，加入适量的盐、葱花调味即可。

功效：

鲫鱼所含的蛋白质质优、齐全，易于消化吸收。豆腐营养丰富，含有铁、钙、磷、镁等人体必需的多种微量元素。两小块豆腐，即可满足宝宝一天钙的需要量。

小餐椅的叮咛

即使在补钙的同时也应当适量吃点维生素D（鱼肝油）以及蛋白质，经常晒晒太阳。圆叶菠菜、萝卜、苋菜里含有较多草酸，草酸能够与钙结合成不溶性草酸钙，妨碍人体对钙的吸收。因此宝宝补钙时不宜同时食用草酸含量多的蔬菜。

主要营养素

碘、钙、蛋白质、维生素

准备时间 3分钟

烹饪时间 10分钟

用料

紫菜 10克 鸡蛋 1个

虾皮 适量 盐 适量

香菜 适量

妈妈今天做的汤里有小虾虾在游泳呢！

虾皮紫菜蛋汤

做法：

① 虾皮、紫菜洗净；紫菜切成末；鸡蛋打散。

② 锅内加水煮沸后，淋入鸡蛋液，下紫菜末、虾皮烧开，加盐、香菜调味即可。

功效：

紫菜含有丰富的碘、钙、蛋白质、维生素A、维生素B等营养成分。虾皮营养丰富，素有“钙的仓库”之称，是物美价廉的补钙佳品。虾皮紫菜蛋汤能促进宝宝骨骼、牙齿的生长。

主要营养素

蛋白质、钾、碘、钙

准备时间  15分钟

烹饪时间 15分钟

用料

冬瓜 50克 海米 30克

高汤 适量 植物油 适量

海米冬瓜汤

做法：

① 海米用水洗一下，泡15分钟；冬瓜洗净，去皮，切成薄片。

② 锅内加入高汤，大火煮沸，加入冬瓜片、海米，煮熟即可。

功效：

海米冬瓜汤营养丰富，所含蛋白质是鱼、蛋、奶的几倍到几十倍，还含有丰富的钾、碘、镁、磷等矿物质。钙质尤其丰富，不仅有利于宝宝补钙，还能增强宝宝的食欲，对宝宝是极好的辅食。

小餐椅的叮咛

在煮骨头汤的时候，放入一点醋，这样能促进营养物质的溶出，尤其能使钙质更多地溶在汤里，被人体吸收。想要通过喝排骨汤来补钙的话，在熬排骨汤的时候则更应少放盐甚至不放盐。

主要营养素

蛋白质、维生素、钙

准备时间 10分钟

烹饪时间 2小时

用料

排骨 100克 薏米 50克

莲藕 1节 醋 适量

莲藕薏米排骨汤

做法：

① 莲藕洗净，去皮，切薄片；薏米洗净；排骨洗净，汆水。

② 将排骨放入锅内，加适量的水，大火煮开后加一点醋转小火，煲1小时后将莲藕、薏米全部放入，大火煮沸后，改小火煲1小时即可。

功效：

莲藕薏米排骨汤除含蛋白质、维生素外，还含有大量磷酸钙、骨胶原、骨黏蛋白等，提供人体生理活动必需的各种营养成分，尤其是丰富的钙质可维护宝宝的骨骼健康，强化宝宝的神经系统。

补铁

宝宝出生后体内储存有从母体获得的铁，可供5~6个月之需。由于母乳、配方奶中含铁量都较低，如果5个月后不及时添加含铁丰富的食品，宝宝就会出现营养性缺铁性贫血的症状。铁可以与蛋白质结合形成血红蛋白，血红蛋白在血液中参与氧的运输。铁还是构成人体必需的酶，参与各种细胞代谢的最后氧化阶段。

主要营养素

铁、蛋白质、卵磷脂

准备时间 30分钟

烹饪时间 35分钟

用料

大米 30克 鸡肝 25克

葱花 适量

鸡肝粥

做法：

① 鸡肝洗净，用清水煮熟后切末；大米淘净，浸泡30分钟。

② 将大米入锅，加水煮粥，熟后加入鸡肝末、葱花稍煮即可。

功效：

鸡肝粥富含铁、蛋白质、卵磷脂和微量元素，有利于宝宝的智力发育和身体发育。鸡肝中铁质丰富，是最常用的补铁食物，可调节和改善贫血宝宝造血系统的生理功能，缓解宝宝贫血症状。

三色肝末

做法：

① 将鸡肝洗净，汆水后切碎；胡萝卜、洋葱洗净切丁；西红柿用开水焯一下，去皮，切碎；菠菜择洗干净，用开水焯一下，切碎。

② 将鸡肝末、胡萝卜丁、洋葱丁放入锅内，加入高汤，煮熟，最后加入切碎的西红柿、菠菜，稍煮即可。

功效：

三色肝末含有丰富的铁、维生素A、维生素B_2、维生素D等，其中的铁还可以与蛋白质结合形成血红蛋白，血红蛋白在血液中参与氧的运输，特别适合贫血的宝宝食用。

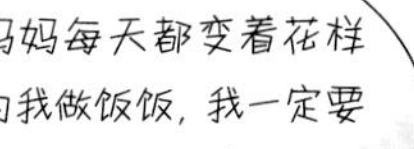

主要营养素

铁、维生素A、维生素B_2

准备时间 30分钟

烹饪时间 10分钟

用料

鸡肝 25克 胡萝卜 半根

西红柿 半个 洋葱 半个

菠菜 1棵 高汤 适量

小餐椅的叮咛

动物肝脏是最大的毒物中转站和解毒器官，所以买回新鲜的鸡肝后，先用流动的水冲洗干净，然后放在水中浸泡30分钟左右再烹饪。烹调的时间也不能太短，至少是完全煮熟了才能给宝宝食用。

鸭血菠菜豆腐汤

做法：

① 鸭血、豆腐洗净，分别切成小块；菠菜洗净焯水，切段。

② 砂锅内放适量水，放入鸭血、豆腐同煮，10分钟后加菠菜段略煮即可。

功效：

每100克鸭血中含铁45毫克，较肉类高100倍。平时适当吃些鸭血，有利于防治缺铁性贫血。鸭血浆蛋白被人体消化吸收后，能分解出一种解毒和滑肠的物质，能有效地消除尘毒对人体的危害。

小餐椅的叮咛

在削芋头皮的时候，一定要戴上手套或预先把芋头放在火上烤一烤，否则手部皮肤会发痒。如果皮肤已经发痒，可以用醋洗手，也可以近火烤一下手，反复翻动手掌，还可以涂抹生姜来止痒，或在热水中浸泡双手。

紫菜芋头粥

主要营养素

铁、蛋白质、维生素

准备时间 20分钟

烹饪时间 40分钟

用料

紫菜 10克 银鱼 20克

大米 30克 芋头 2个

青菜 2棵

做法：

① 将青菜择洗干净，切丝；紫菜用水泡发后，切碎；银鱼洗净后切成末，用热水烫熟；芋头煮熟去皮，压成芋头泥。

② 将大米淘洗干净后，放入锅中加水，煮至黏稠，出锅前加入紫菜、银鱼末、芋头泥、青菜丝略煮即可。

功效：

紫菜芋头粥含有丰富的铁、蛋白质、维生素、膳食纤维、钙、磷、烟酸等，具有开胃生津、营养滋补的功效。紫菜中铁的含量丰富，不但可以帮助宝宝维持机体的酸碱平衡，有利于宝宝的生长发育，还能预防宝宝贫血。

补锌

锌是宝宝生长发育必需的元素，母乳中锌含量很适合宝宝生长发育的需要。母乳喂养的宝宝很少患锌缺乏症。但随着母乳质量的下降和辅食添加的进程，食物补锌是妈妈一定要牢记的营养原则。

主要营养素

锌、蛋白质、维生素、钙

准备时间 10分钟

烹饪时间 20分钟

用料

鳕鱼肉 200克 西红柿 1个

淀粉 适量 黄油 适量

西红柿鳕鱼泥

做法：

① 鳕鱼肉洗净，切成小块置于碗中，加入淀粉搅拌成泥。

② 西红柿洗净，用开水烫一下，去皮后切成小丁，用搅拌机打成西红柿泥。

③ 黄油放入锅中，中火加热至融化，倒入打好的西红柿泥炒匀，将鳕鱼泥放入锅中，快速搅拌至鱼肉熟时即可。

功效：

鳕鱼含丰富蛋白质、维生素A、维生素D、钙、镁、硒等营养元素，营养丰富、肉味甘美。鳕鱼还含有丰富的锌，锌对核酸、蛋白质的合成及对细胞的生长都有着重要的意义。含锌食物可增强宝宝的免疫力，尤其适合体质较弱的宝宝食用。

小餐椅的叮咛

牛肉虽然营养丰富且口味鲜美，但是牛肉的纤维较粗糙不易消化，脾胃发育尚不成熟的宝宝不宜常吃，1周1次为宜。

主要营养素

锌、蛋白质、胡萝卜素

准备时间 10分钟

烹饪时间 2小时

用料

牛肉 100克 胡萝卜 半根

西红柿 2个

胡萝卜牛肉汤

做法：

① 牛肉汆水后切小块；西红柿、胡萝卜洗净切成丁。

② 将牛肉块、西红柿丁放入锅中，加适量水，大火煮开后炖10分钟，转小火熬1个小时。加胡萝卜丁煮至软烂即可。

功效：

牛肉含有丰富的蛋白质，氨基酸组成比猪肉更接近人体需要，能提高机体抗病能力。牛肉中含量丰富的锌是一种有助于合成蛋白质、促进肌肉生长的抗氧化剂，锌与谷氨酸盐和维生素B_6共同作用，能增强宝宝的免疫力。胡萝卜牛肉汤清甜滋润，非常适合宝宝食用。

主要营养素

锌、铁、蛋白质、维生素

准备时间 3分钟

烹饪时间 10分钟

用料

鸡肝 50克

菠菜 2棵

盐 适量

鸡肝菠菜汤

做法：

① 将鸡肝洗净，切片；菠菜择洗干净，切成小段，用开水焯一下，捞出，沥水。

② 锅内加水，烧沸后下入鸡肝片，烧开后撇去浮沫，放入菠菜段，再烧开后，加入盐调味即可。

功效：

鸡肝富含铁、蛋白质、维生素A和叶酸，营养较全面。鸡肝中的含锌量也比较多，每100克鸡肝中大约含锌3~5毫克，并且鸡肝中蛋白质分解后所产生的氨基酸还能促进锌的吸收。

主要营养素
锌、钾、
胡萝卜素、维生素

准备时间 5分钟
烹饪时间 10分钟

用料
胡萝卜 半根 西红柿 半个
高汤 适量 葱花 适量

小餐椅的叮咛

妈妈在给宝宝喂食的时候要注意，西红柿不能与虾、蟹类同食。西红柿富含维生素C，与虾、蟹类同吃，有一定毒性，因此一定要注意。

妈妈，这碗汤颜色红红的，好鲜艳啊！看着就想喝。

胡萝卜西红柿汤

做法：

① 胡萝卜洗净，切片；西红柿洗净，去皮，切块。

② 锅中倒入少许高汤，放入胡萝卜片和西红柿块，用大火煮开，煮熟时撒上葱花即可。

功效：

西红柿有清热解毒的作用，所含胡萝卜素及矿物质是缺锌补益的佳品，对宝宝疳积、缺锌有一定疗效。

益智健脑

据研究表明，营养是改善脑细胞并使它功能增强的因素之一，也就是说，加强营养可以使宝宝变得聪明一些。宝宝自出生以后，虽然大脑细胞的数量不再增加，但脑细胞的体积不断增加，功能也日趋成熟和复杂化。如果能在这个时期供给宝宝足够的营养素，将对宝宝的大脑发育和智力发展起到重要的作用。因此，爸爸妈妈应尽量为宝宝选择一些益智健脑的食品，如核桃仁、鱼、虾等。

主要营养素

碳水化合物、蛋白质

准备时间 30分钟

烹饪时间 40分钟

用料

核桃仁 2个 红枣 2枚

花生 14粒 大米 50克

核桃粥

做法：

① 核桃仁放入温水中浸泡30分钟；红枣洗净去核；花生洗净，用温水浸泡30分钟。

② 大米淘洗干净，用冷水浸泡30分钟后下锅，大火烧开转小火；放入核桃仁、红枣、花生熬至软烂即可。

③ 妈妈要将粥中的花生、核桃捣碎后再给宝宝食用，以免宝宝误吞进气管引发窒息危险。

功效：

核桃粥含有丰富的碳水化合物、蛋白质、磷、钙和各类维生素，有补脑益智、温肺止咳、益气养血、润肠通便、润燥化痰等作用。宝宝常吃此粥可以促进大脑发育，提高智力水平。

主要营养素

锌、钙、维生素A

准备时间　20分钟

烹饪时间　10分钟

用料

虾仁　30克　鸡蛋　1个

西蓝花　20克　盐　适量

淀粉　适量　高汤　适量

植物油　适量

小餐椅的叮咛

要使虾仁吃起来鲜嫩，首先要用干净餐巾擦去虾仁的余水，放入盐腌渍一会，再用挤压的方法，使虾仁的余水进一步排出，加入干淀粉反复搅拌，在虾仁上劲后，加入少量的油拆拌均匀备用。

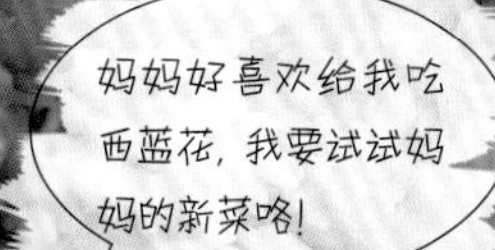

西蓝花虾仁

做法：

① 鸡蛋打开，取蛋清；虾仁洗净，用盐、蛋清及淀粉搅拌均匀；西蓝花洗净，掰成小朵。

② 油锅烧热，放入虾仁快速煸炒，再放入西蓝花煸炒，加入适量高汤，煮沸即可。

功效：

虾的营养价值极高，含有丰富的锌，能提高记忆力，提高睡眠质量，让宝宝生长得更加健康和聪明。西蓝花虾仁还含有钙、维生素A、磷、钾等，能使宝宝精力更集中。

清烧鳕鱼

做法：

① 鳕鱼肉洗净、切小块，用姜末腌制。

② 将鳕鱼块入油锅煎片刻，加入适量水，加盖煮熟，撒上葱花即可。

功效：

鳕鱼是促进宝宝智力发育的首选食物之一，含有十分丰富的卵磷脂，可增强人的记忆、思维和分析能力。鳕鱼还是优质蛋白质和钙质的极佳来源，特别是含有的不饱和脂肪酸，对宝宝大脑和眼睛的正常发育尤为重要。

主要营养素

卵磷脂、蛋白质、钙

准备时间 15分钟

烹饪时间 20分钟

用料

鳕鱼肉	80克	姜末	适量
葱花	适量	植物油	适量

小餐椅的叮咛

烹制前应先用清水浸泡海带半小时，中间勤换水。浸泡时间也不要过长，以免水溶性的营养物质流失过多。

主要营养素

磷脂、不饱和脂肪酸、维生素

准备时间  5分钟

烹饪时间  15分钟

用料

松仁 20克

海带 50克

高汤 适量

松仁海带

做法：

① 松仁洗净；海带洗净，切成细丝。

② 锅内放入高汤、松仁、海带丝，用小火煨熟即可。

功效：

松仁含有丰富的磷脂、不饱和脂肪酸、多种维生素和矿物质，具有促进细胞发育、损伤修复的功能，是宝宝补脑健脑的保健佳品。松仁海带还富含碘，碘是合成甲状腺素的主要成分，宝宝常吃此菜能使头发柔顺亮泽。

开胃消食

造成宝宝食欲降低的功能性原因很多，主要包括精神紧张、劳累、胃动力减弱（胃内食物难以及时排空）等。可以从以下几个方面解决宝宝食欲低下问题：三餐定时、定量，切忌暴饮暴食；多带宝宝去户外活动，多呼吸新鲜空气；饮食上强调种类多样化，避免单调重复，注意掌控食物的色香味形，做到干稀搭配、粗细搭配。另外，餐前禁用各类甜食或甜饮料。

主要营养素

胃激素、角蛋白

准备时间 10分钟

烹饪时间 35分钟

用料

鸡内金 1个

大米 50克

鸡内金粥

做法：

① 鸡内金处理干净，在锅内烘干，研末。

② 大米淘洗干净，加水煮粥，待粥成后加入鸡内金末，继续煮5分钟即可。

功效：

鸡内金粥消食力强，且能健运脾胃，可治一切饮食积滞，是健胃消食的理想食物。鸡内金含胃激素、角蛋白等，口服后能使胃液分泌量及酸度增高，胃运动机能增强，排空加速。食欲不振的宝宝常食鸡内金粥，可健运脾胃，消食化积。

小餐椅的叮咛

山楂酸甜可口，是很多宝宝喜爱的食物，可促进胃酸的分泌，因此宝宝空腹的时候不宜食用。山楂中的酸性物质对牙齿具有一定的腐蚀性，食用后要注意及时漱口、刷牙。

主要营养素

碳水化合物、蛋白质、矿物质

准备时间 30分钟

烹饪时间 40分钟

用料

山楂 2个 六神曲 15克

大米 50克

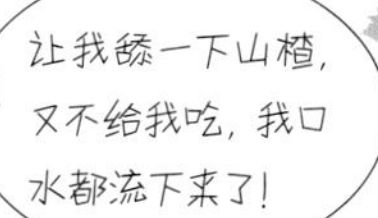

山楂六神曲粥

做法：

① 六神曲捣碎；将山楂洗净，去核，切片；大米淘洗干净。

② 将大米、六神曲、山楂一同放入锅内，煮成粥即可。

功效：

六神曲有健脾和胃、消食调中的功效，用于治疗饮食停滞。山楂味酸，有消食健胃、活血化瘀的功效。山楂六神曲粥适用于宝宝食欲不振、消化不良、脘痞胀满等症状。

蘑菇西红柿汤

主要营养素

蛋白质、氨基酸、矿物质

准备时间 10分钟

烹饪时间 15分钟

用料

蘑菇 3朵 西红柿 1个

盐 适量 香菜 适量

做法：

① 蘑菇洗净后焯水，切片；西红柿洗净，切成片。

② 锅内放入高汤，烧开后放蘑菇片和西红柿片同煮，然后加盐、香菜调味即可。

功效：

蘑菇西红柿汤营养丰富，味道鲜美，有开胃消食的功效。蘑菇自古以来被列为上等佳肴，高蛋白、低脂肪，富含人体必需氨基酸、矿物质、维生素等营养成分。

糖醋胡萝卜丝

做法：

① 将胡萝卜洗净，切成细丝，放入碗内，加盐拌匀，腌制10分钟。

② 再将胡萝卜丝用水洗净，挤去水分，放入盘内，用白糖、醋拌匀即成。

功效：

糖醋胡萝卜丝清爽脆嫩，甜酸适口，能提高宝宝的食欲。胡萝卜中还含有丰富的膳食纤维，吸水性强，在肠道中体积容易膨胀，可加强肠道的蠕动，达到预防宝宝便秘的效果。

明目

除了帮助宝宝平时注意保护眼睛外，经常给宝宝吃些有益于眼睛健康的食品，对明目也能起到很大的作用。有助于明目的食物有：含维生素A的食物，含胡萝卜素的食物，含核黄素的食物等。忌食辛辣刺激性食物、温热类的食物以及油腻厚味类食物。

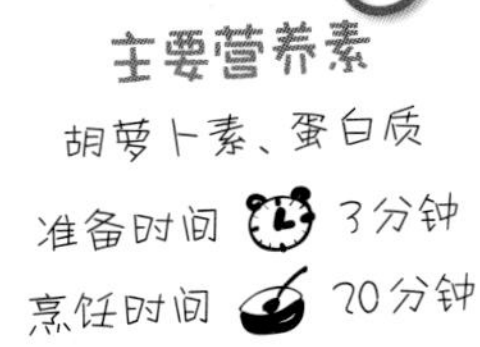

主要营养素

胡萝卜素、蛋白质

准备时间 3分钟

烹饪时间 20分钟

用料

胡萝卜 100克 高汤 适量

猪瘦肉 50克 盐 适量

胡萝卜瘦肉汤

做法：

① 猪瘦肉洗净，切丁，汆水；胡萝卜洗净，切成小块。

② 油锅烧热，加入猪瘦肉炒至六成熟，然后加入胡萝卜块同炒，倒入高汤，小火煮至熟烂，加盐调味即可。

功效：

胡萝卜瘦肉汤含有丰富的胡萝卜素、蛋白质、碳水化合物、钙、磷、铁、烟酸、维生素C等多种营养成分，其中的胡萝卜素在肠和肝脏中能转变为维生素A，维生素A有保护眼睛的作用。

小餐椅的叮咛

枸杞子虽然具有非常好的滋补和治疗作用，但也不是适合所有的宝宝食用。因为枸杞子温热身体的效果相当强，正在感冒发烧，身体有炎症，腹泻的宝宝最好别吃。如果与凉性的菊花冲泡茶水，可以消除暑热、清除肝火。

鸡爪太难啃了。唉，我只有喝汤的份，妈妈你自己啃鸡爪吧！

主要营养素

胡萝卜素、维生素B_1

准备时间 10分钟

烹饪时间 20分钟

用料

鸡爪 4只 枸杞子 适量

胡萝卜 适量 盐 适量

枸杞子鸡爪汤

做法：

① 将鸡爪洗净，切成块；胡萝卜洗净，切片；枸杞子洗净；鸡爪、胡萝卜片入沸水焯一下。

② 将鸡爪、胡萝卜片、枸杞子倒入锅内，加热水，再放入盐，大火炖。

③ 隔段时间搅拌一下，防止鸡爪粘锅，炖熟即可。

功效：

枸杞子含有丰富的胡萝卜素、维生素B_1、维生素C、钙、铁等眼睛的所需营养，所以俗称“明眼子”。枸杞子鸡爪汤营养丰富，功能更加完善，还具有提高人体免疫力的功能。

主要营养素

胡萝卜素、蛋白质、叶酸

准备时间 10分钟

烹饪时间 30分钟

用料

猪肉 100克 菠菜 50克

鸡蛋 1个 盐 适量

高汤 适量

菠菜肉丸汤

做法：

① 菠菜洗净，切段，焯水；鸡蛋打开，取蛋清；猪肉洗净，剁细成馅后与鸡蛋清混合，搅拌均匀后挤成小丸子。

② 锅中倒入高汤，煮沸后，放肉丸，20分钟后，放入菠菜段略煮即可。

功效：

菠菜肉丸汤含有胡萝卜素、蛋白质、叶酸、叶黄素、钙、铁、维生素等，其中以胡萝卜素、叶酸、维生素、钙的含量较高。胡萝卜素经由人体摄取后，会在体内转变成维生素A，而维生素A可以保护上皮组织和眼睛，能让宝宝的眼睛更明亮。

小餐椅的叮咛

夏天宝宝不爱吃油腻的食物，绿豆性凉，具有清热解毒、消暑除烦、止渴健胃等养生保健的功效，在鸡肝粥里加入绿豆，解暑的同时也保证了营养，还能预防宝宝因天热起痱子。

主要营养素

维生素A、铁、锌

准备时间 1小时

烹饪时间 40分钟

用料

鸡肝 15克 绿豆 10克

大米 30克

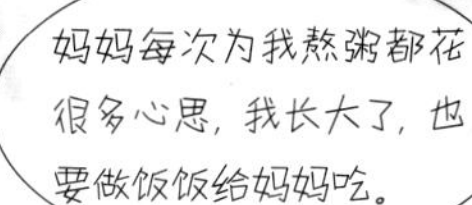

鸡肝绿豆粥

做法：

① 鸡肝浸泡，洗净，汆水后切碎；绿豆洗净，浸泡1小时；大米淘洗干净。

② 将大米、绿豆放入锅中，加适量水，大火煮沸，放入鸡肝，同煮至熟即可。

功效：

鸡肝富含维生素A和矿物质铁、锌、铜，而且鲜嫩可口，与绿豆、大米同煮，不但可以促进宝宝牙齿和骨骼的发育，还能为宝宝的视力发育提供良好的帮助。

浓密头发

头发的生长需要大量的营养供应，饮食与头发的营养自然就有了直接的关系。各种营养素供应全面才能保持头发的活力和健美。头发的营养由头皮毛细血管供应，头发所需最多的营养素是蛋白质，蛋白质是氨基酸的来源。想要宝宝拥有一头浓密的头发，就要调理好宝宝的饮食。

主要营养素

蛋白质、维生素、矿物质

准备时间 30分钟

烹饪时间 45分钟

用料

黑豆 30克

黑芝麻 30克

黑豆黑芝麻汁

做法:

① 将黑芝麻炒熟，研成末；黑豆洗净，浸泡30分钟。

② 黑豆入锅煮熟，制成黑豆泥；将黑豆泥、黑芝麻末放入锅内，加适量水搅拌均匀，同煮成糊，过滤出汁液即可。

功效:

黑豆黑芝麻汁中所含的丰富蛋白质、维生素、矿物质等营养成分，是头发生长的必需营养成分，其中的蛋白质对头发乌黑光润起到了关键作用。宝宝经常食用此汁，会让头发生长更快，且更加的乌黑、浓密。

小餐椅的叮咛

给宝宝吃花生有讲究，宝宝可以吃煮得充分透烂的花生，但不能吃花生酱，因为花生酱的黏稠度太强，宝宝不易吞咽；也不要让3岁以前的宝宝吃尚有硬度的花生，以免误吞进入气管引发窒息危险。

主要营养素

蛋白质、有机酸

准备时间 30分钟

烹饪时间 40分钟

用料

红枣 5颗 花生 100克

红豆 100克

花生红枣汤

做法：

① 将花生、红豆洗净，用水浸泡；红枣洗净，剔去枣核。

② 锅上火，加入水、红豆、花生，用大火煮沸后，改用小火煮至半熟，再加入红枣煮至熟透即成。

功效：

花生红枣汤含有丰富的蛋白质、有机酸、胡萝卜素、维生素等，不但可以促进宝宝牙齿、骨骼正常生长，还有助于宝宝的头发生长，让宝宝的头发更加乌黑亮泽。

黑芝麻核桃糊

做法：

① 将黑芝麻去杂质，入锅，微火炒熟出香，趁热研成细末；将核桃仁研成细末，与黑芝麻末充分混匀。

② 用沸水冲调成黏稠状，稍凉后即可服食。

功效：

黑芝麻核桃糊含有大量的蛋白质、维生素A、维生素E、卵磷脂、钙、铁、镁等营养成分，为宝宝的生长发育提供了均衡的营养。黑芝麻作为食疗品，有益肝、养血、润燥、乌发、美容作用，是宝宝极佳的养发食品。

鸡肝拌菠菜

做法：

① 将菠菜洗净，切成段，放入沸水中焯一下，沥水；鸡肝洗净，切成小薄片，入沸水中煮透。

② 将菠菜放入碗内，上面放上鸡肝片、海米，再适量放上盐、醋调味，搅拌均匀即可。

功效：

菠菜是维生素A和维生素C的最佳来源，这两种维生素是集体合成脂肪的必需成分，而由毛囊分泌的油脂，是天然的护发素。

主要营养素

维生素、铁

准备时间 20分钟

烹饪时间 10分钟

用料

菠菜 3棵 鸡肝 50克

海米 适量 醋 适量

盐 适量

小餐椅的叮咛

如果宝宝的牙齿还不够多，可以将猪肝拌菠菜放在干净的案板上剁碎，然后喂给宝宝吃！

保护牙齿

俗话说，牙好，胃口就好。其实，牙齿的健康、强健也与饮食息息相关。所谓胃口好，牙就好。要保持一口好牙，除了有良好的饮食习惯外，如果在食物的选择上也下点工夫，宝宝一定会有一口漂亮又强健的牙齿。这里给大家推荐几种健齿的辅食。

主要营养素

铁、钙、磷

准备时间 10分钟

烹饪时间 20分钟

用料

南瓜 100克 虾皮 25克

盐 适量 植物油 适量

高汤 适量 葱花 适量

南瓜虾皮汤

做法：

① 将南瓜洗净，去皮，去瓤，切成薄片；虾皮淘洗干净。

② 锅内放油烧热，放入南瓜片爆炒几下，加入高汤和虾皮。

③ 南瓜煮烂时，加入盐、葱花调味即可。

功效：

虾皮中铁、钙、磷的含量很丰富，每100克虾皮，钙的含量为991毫克，因此，虾皮素有“钙库”之称，是宝宝补钙的首选。搭配南瓜做汤，营养更全面，口感也更丰富，是宝宝喜爱的一道辅食。

小餐椅的叮咛

深海鱼类的DHA（俗称脑黄金）含量远远高于浅海鱼和淡水鱼，是大脑和视网膜的重要构成成分，对宝宝智力和视力发育至关重要，所以这道菜最好用深海鱼做，比如三文鱼、金枪鱼、沙丁鱼、秋刀鱼等。

鱼末豆腐粥

主要营养素

碳水化合物、蛋白质、钙

准备时间 10分钟

烹饪时间 40分钟

用料

鱼肉 30克

豆腐 1小块

大米 50克

做法：

① 鱼肉洗净，去刺，切末；豆腐洗净，切碎；大米淘洗干净。

② 将大米放入锅中，加适量水，大火煮沸后转小火，加入鱼肉末、豆腐末同煮至熟。

功效：

鱼末豆腐粥含有丰富的碳水化合物、蛋白质、钙、膳食纤维、维生素等营养成分，不但有益于宝宝的神经、血管、大脑的生长发育，提高宝宝的记忆力和注意力，还能强健宝宝的骨骼和牙齿。

主要营养素

蛋白质、膳食纤维、钙

准备时间 10分钟

烹饪时间 10分钟

用料

冻豆腐 50克 火腿 20克

香菇 3朵 盐 适量

植物油 适量 姜末 适量

三鲜冻豆腐

做法:

① 冻豆腐解冻，沥干水分，切片；香菇去蒂，洗净，切片；火腿切片。

② 油锅烧热，然后加入冻豆腐片、香菇片、火腿片炒熟，调入盐、姜末，炒至入味即可。

功效:

三鲜冻豆腐富含蛋白质、膳食纤维、钙、磷、铁、胡萝卜素、维生素等营养成分，有利于宝宝大脑的发育，还能促进宝宝的牙齿和骨骼生长。

牛肉鸡蛋粥

主要营养素

蛋白质、DHA、钙

准备时间 30分钟

烹饪时间 45分钟

用料

牛肉 30克 鸡蛋 1个

大米 30克 盐 适量

葱花 适量

做法：

① 牛肉洗净，切末；鸡蛋打散；大米淘洗干净，浸泡30分钟。

② 将大米放入锅中，加水，大火煮沸，放入牛肉末，同煮至熟，淋入鸡蛋液稍煮，加盐、葱花调味即可。

功效：

牛肉鸡蛋粥含有丰富的蛋白质、DHA、卵磷脂、卵黄素、维生素和铁、钙、钾等人体所需要的矿物质，不但可提高宝宝的抵抗能力，其中丰富的钙质还可以促进宝宝骨骼和牙齿的生长。

今天的饭饭我用勺子自己舀着吃呢。

小餐椅的叮咛

鸡蛋吃法多种多样，就营养的吸收和消化率来讲，煮蛋为100%，炒蛋为97%，嫩炸为98%，老炸为81.1%，开水、牛奶冲蛋为92.5%，生吃为30%~50%。不过，对宝宝来说，还是蒸蛋羹、蛋花汤最适合，因为这两种做法能使蛋白质松解，极易被宝宝消化吸收。

宝宝辅食
王中王

第十三章
小毛病，宝宝怎么吃

婴幼儿时期宝宝身体的各部分器官功能还不太完善，免疫力也比较低，容易发生疾病。适当地采用食疗，在宝宝品尝美食的同时，就能达到防治疾病、促进健康的目的。在一些急性疾病的治疗期间，食疗也是一种不错的辅助治疗方式。本章针对宝宝的常见疾病，介绍了一些对症食疗方，给新手爸妈一些有益的参考。

湿疹

小儿湿疹，俗称“奶癣”，是一种过敏性皮肤病。婴幼儿阶段的宝宝皮肤发育尚不健全，最外层表皮的角质层很薄，毛细血管网丰富，内皮含水及氯化物比较丰富，因此容易发生过敏情况。专家建议，宝宝的食物中要有丰富的维生素、无机盐和水，而碳水化合物和脂肪要适量，少吃盐，以免体内积液太多。如果宝宝有湿疹症状，妈妈要暂停给宝宝吃可能引发过敏症状的食物。

主要营养素

维生素、蛋白质、矿物质

准备时间 10小时

烹饪时间 30分钟

用料

红豆 40克

薏米 50克

薏米红豆粥

做法：

① 将薏米、红豆洗净，用温水浸泡10小时。

② 将薏米、红豆一同放入锅中，加水煮成稀粥即可。

功效：

红豆富含维生素B_1、维生素B_2、蛋白质及多种矿物质，有明显的利水、消肿、健脾胃之功效。薏米红豆粥是粥也是药，它具有治湿邪功效，还能起到调味滋补的功效，适合脾胃虚弱的宝宝食用。

小餐椅的叮咛

应尽量让宝宝避开诱发湿疹的因素。宝宝出现湿疹后，必要时可在医生指导下使用消炎药或止痒、脱敏药物，切勿自己使用任何激素类药膏，因为这类药膏外用过多，会被皮肤吸收，给宝宝的身体带来副作用。

玉米汤

做法：

① 玉米须洗净，玉米粒剁碎。

② 将玉米须、玉米粒放入锅中，加适量的水炖煮至熟，过滤出汁液即可。

功效：

玉米含有丰富的蛋白质、纤维素B_6、烟酸等成分，具有刺激胃肠蠕动、加速粪便排泄的功能，可防治宝宝便秘、肠炎等。玉米性平味甘，有开胃、健脾、除湿、利尿等作用。

主要营养素

蛋白质、维生素B_6

准备时间 5分钟

烹饪时间 20分钟

用料

玉米须 50克

玉米粒 100克

绿豆海带汤

主要营养素

维生素、钙、磷、铁

准备时间 5分钟

烹饪时间 40分钟

用料

海带 100克

绿豆 100克

大米 50克

做法：

① 大米淘洗干净；绿豆洗净；海带洗净，切小片。

② 将海带片、绿豆、大米一同放入锅中，加水煮熟即可。

功效：

绿豆性凉，有清热解毒、消暑利尿的作用。以此粥做晚餐，不仅能补充水分，还能及时补充无机盐，增加宝宝的机体免疫功能，从而提高宝宝的抗菌、抗过敏能力。

小餐椅的叮咛

扁豆未煮熟便吃，易引起食物中毒。妈妈在做扁豆时，一定要注意煮熟炒透，使扁豆的颜色全部改变，里外熟透，吃着没有豆腥味。这样就可以避免发生中毒现象。

扁豆薏米山药粥

做法：

① 扁豆洗净，切碎；薏米洗净，与扁豆一同浸泡30分钟；山药洗净、削皮，切成块。

② 扁豆、薏米、山药入锅，加适量的水，共煮为稀粥即可。

功效：

薏米的营养价值很高，被誉为“世界禾本科植物之王”和“生命健康之禾”。扁豆薏米山药粥因含有多种维生素和矿物质，有促进新陈代谢和减少胃肠负担的作用，可作为肠胃娇弱的宝宝的补益食品。

主要营养素

维生素、矿物质

准备时间 30分钟

烹饪时间 40分钟

用料

扁豆 30克

薏米 30克

山药 30克

过敏

婴儿过敏的原因通常分为两大类：一，直接因素。包括过敏原、呼吸道病毒感染、化学刺激物，如汽车尾气、香烟尼古丁等。这些因素可直接诱发过敏症状。二，间接因素。如运动、天气变化、室内外温差大、喝冰水、情绪不稳定等。这些因素会造成已存在过敏性炎症的器官发生病变，如支气管发生收缩现象。

主要营养素

蛋白质、蕉皮素

准备时间 30分钟

烹饪时间 30分钟

用料

大米 40克

香蕉 1根

香蕉粥

做法：

① 香蕉去皮、切片；将大米淘洗干净，用水浸泡30分钟，放入锅中煮至米烂。

② 出锅前，将切好的香蕉片放入即可。

功效：

香蕉粥营养丰富，口味清淡，适合宝宝食用。香蕉皮中还含有可抑制真菌和细菌的有效成分——蕉皮素，能增进宝宝抵抗疾病的能力，将香蕉皮捣烂加上姜汁涂抹皮肤，能缓解宝宝的过敏症状，促进代谢。

小餐椅的叮咛

防止宝宝过敏，最有效的便是让宝宝远离环境和食物中的过敏原。在宝宝饮食方面，1岁以下的宝宝最好采用母乳喂养。

苹果沙拉

做法：

① 苹果洗净，去皮、去核，切成小丁；葡萄干泡软；橙子去皮和子，切成小丁。

② 用酸奶将各种水果拌匀即成。

功效：

苹果的营养很丰富，它含有多种维生素和酸类物质。研究证实，过敏者摄取一定量的苹果胶，可使血液中致过敏的组织胺浓度下降，从而起到预防过敏症的效果。每天吃1个苹果，对预防过敏性瘙痒有一定效果。

主要营养素

维生素、苹果胶

准备时间 10分钟

烹饪时间 5分钟

用料

苹果 1个 橙子 1个

葡萄干 20克 酸奶 1杯

小餐椅的叮咛

千万不要购买"雪白"的银耳，这样的银耳是经过二氧化硫熏过的。正常的银耳应为淡黄色，根部的颜色略深。食用前可以先将银耳浸泡3~4小时，期间每隔1小时换一次水；烧煮时，应将银耳煮至浓稠状。

主要营养素

蛋白质、维生素

准备时间  30分钟

烹饪时间 40分钟

用料

大米 30克 梨 1个

银耳 20克

银耳梨粥

做法：

① 银耳用水泡发，洗净，撕成小碎块；梨洗净，去皮，去核，切成小块；大米淘洗干净，用水浸泡30分钟。

② 将大米、银耳、梨一同放入锅中，加适量水，同煮至米烂汤稠即可。

功效：

银耳中含有丰富的蛋白质、维生素，可增强宝宝的免疫力。与梨搭配煮粥，清热生津，口味爽甜。银耳富有天然特性胶质，加上它的滋阴效果，长期服用可以润肤，并有抗过敏的功效，多食银耳也可以改善秋燥导致的皮肤干燥、过敏、瘙痒症状。

妈妈说，吃了红枣泥
我身上就不会痒了。

主要营养素

环磷酸腺苷、维生素C

准备时间 3分钟

烹饪时间 25分钟

用料

红枣 20颗

红枣泥

做法：

① 将红枣洗净，放入锅内，加入适量水煮15~20分钟，煮至红枣烂熟。

② 去掉红枣皮、核，捣成泥状，加适量水再煮片刻即可。

功效：

红枣中含有大量的抗过敏物质——环磷酸腺苷，可阻止面部皮肤过敏，避免皮肤瘙痒现象的发生。另外，红枣中含有丰富的维生素C，对改善过敏症状有一定的效果，凡有过敏症状的宝宝，可经常食用红枣。

腹泻

腹泻是婴幼儿最常见的多发性疾病，有生理性腹泻，胃肠道功能紊乱导致的腹泻，感染性腹泻等。从治疗角度讲，对于非感染性腹泻，要以饮食调养为主。对于感染性腹泻，则要在药物治疗的基础上进行辅助食疗。进食无膳食纤维、低脂肪的食物，能使宝宝的肠道减少蠕动，同时营养成分又容易被吸收，所以制作腹泻宝宝的膳食应以软、烂、温、淡为原则。

主要营养素

果胶、游离氨基酸、果糖

准备时间 5分钟

烹饪时间 30分钟

用料

荔枝 5枚

大米 80克

小餐椅的叮咛

虽然鲜荔枝含糖量很高，酸甜可口，但宝宝空腹时绝对不宜吃荔枝。如空腹食用荔枝，会刺激胃黏膜，导致胃痛、胃胀，而且空腹时吃荔枝过量会因体内突然渗入过量高糖分而发生"高渗性昏迷"。

荔枝大米粥

做法：

① 将荔枝剥皮去核；大米淘洗干净。

② 将荔枝、大米放入锅中，并加入适量水，用大火烧开，然后改以小火熬煮，待米烂粥稠后即可。

功效：

荔枝大米粥含有丰富的果胶、游离氨基酸、果糖、葡萄糖、铁、钙、磷、胡萝卜素、维生素B_1、维生素C及膳食纤维等成分。荔枝所含丰富的糖分具有补充能量，增加营养的作用，适合因腹泻而流失大量水分以及营养素的宝宝食用。

主要营养素

蛋白质、碳水化合物

准备时间 5分钟

烹饪时间 20分钟

用料

青菜 2棵 香菇 2朵

宝宝面条 适量 盐 适量

肉末 适量 虾皮 适量

植物油 适量

妈妈今晚做了青菜面，我看看就有胃口！

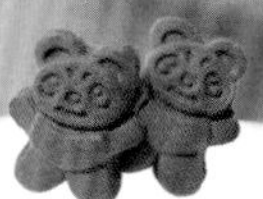

青菜面

做法：

① 青菜洗净切小段；香菇洗净，切丝，与青菜一起用水焯一下；油锅烧热，炒肉末，盛入碗里。

② 锅里加适量水烧开，加入香菇丝煮熟后下入面条，继续煮5分钟，放青菜段、虾皮、炒熟的肉末，加适量盐调味即可。

功效：

青菜面主要营养成分有蛋白质、碳水化合物、B族维生素、维生素C、钙、磷、铁等物质。面条易于消化吸收，有增强免疫力、平衡营养吸收等功效。面条膳食纤维少，能使宝宝的肠道减少蠕动，同时营养成分又容易被吸收。

主要营养素
蛋白质、碳水化合物
准备时间 30分钟
烹饪时间 30分钟

用料
大米 100克

白粥

做法：

① 大米淘洗干净，浸泡30分钟。

② 大米入锅，加适量水，大火烧沸后改小火熬熟即可。

功效：

大米的一个突出的特点就是膳食纤维少，各种营养成分的可消化率和吸收率又很高，所以特别适合肠胃发育仍不完善的宝宝食用。大米还有止渴、止泻的功效，是腹泻宝宝理想的止泻辅食。

小餐椅的叮咛

家庭储米小窍门：一，根据季节，适量存放。夏季少存，最好随买随吃。秋冬季节可以适量多存。二，适时通风，防潮隔热。三，自然缺氧，科学防虫。家庭储米可用塑料袋密封，既能达到防虫效果，又不会影响大米的食用品质。

主要营养素

蛋白质、碳水化合物

准备时间 3分钟

烹饪时间 10分钟

用料

大米 50克

白糖 适量

焦米糊

做法：

① 将大米炒至焦黄，研成细末。

② 在焦米粉中加入适量的水和白糖，煮沸成稀糊状即可。

功效：

大米含有丰富的蛋白质、碳水化合物、膳食纤维、钙、磷、铁、维生素、烟酸等，有补中益气、健脾养胃、聪耳明目、止渴的功效。炒焦了的米已部分碳化，有吸附毒素和止泻的作用。

便秘

便秘是经常困扰家长的宝宝常见病症之一。宝宝大便干硬，排便时哭闹费力，次数比平时明显减少，有时2~3天，甚至6~7天排便一次。便秘的发生常常由消化不良或脾胃虚弱引起，过多地食用鱼、肉、蛋类，缺少谷物、蔬菜等食物也是一个重要原因。家长采取正确的引导方式，让宝宝养成按时排便的习惯。同时，在宝宝不想排便时，不要强制排便，也不要让宝宝长时间蹲坐便盆。由于宝宝肠道功能尚不完善，一般不宜用导泻剂治疗，否则容易引发肠道功能紊乱。

主要营养素

膳食纤维、果胶、蛋白质

准备时间 5分钟

烹饪时间 20分钟

用料

玉米粒 40克

苹果 20克

苹果玉米汤

做法：

① 将苹果洗净，去皮，去核，切丁；玉米粒洗净剁碎。

② 把玉米粒、苹果丁放进锅里，加上适量的水，大火煮到滚沸，再转小火煮10分钟即可。

功效：

苹果玉米汤含有丰富的膳食纤维，当大便秘结时，可以起到润肠通便的作用。苹果中的果胶可以吸收自己本身容积2.5倍的水分，使粪便变软易于排出，可以解决宝宝便秘的问题。

小餐椅的叮咛

简单有效的清洗苹果的小窍门：先将苹果放在水里浸湿，然后在表皮撒上一点盐，用双手握着苹果来回轻轻地搓，苹果表面的脏东西和残留物很快就能搓干净。这样，营养丰富的苹果皮就能放心给宝宝食用了！

主要营养素

蛋白质、膳食纤维、钙

准备时间 10分钟

烹饪时间 40分钟

用料

玉米粒 50克

豆腐 1小块

胡萝卜 半根

妈妈在锅里不停地搅啊搅啊，一会儿，锅里就飘出了阵阵香味。

玉米豆腐胡萝卜糊

做法：

① 胡萝卜洗净切成小块；玉米粒洗净；将胡萝卜、玉米粒一起用搅拌机打成蓉；豆腐压成泥。

② 将玉米胡萝卜蓉放入锅中，加水，大火煮沸后，转小火煮20分钟。

③ 将豆腐泥加入锅中，继续煮10分钟，不停搅拌至熟即可。

功效：

玉米豆腐胡萝卜糊含有蛋白质、碳水化合物、钙、磷、铁、核黄素、烟酸、维生素C等多种营养成分，不但有保护眼睛，促进生长发育，增强抵抗力的功能，其中丰富的膳食纤维还可以促进胃肠蠕动，防治便秘。

主要营养素

膳食纤维、胡萝卜素

准备时间 5分钟

烹饪时间 30分钟

用料

红薯 100克

大米 100克

小餐椅的叮咛

烤红薯要少吃，更不能连皮吃，黑斑病菌污染后的红薯，烤后不宜辨别，因此有黑色斑点或烤焦的红薯都不要食用，可能会引起中毒。而且街边烤红薯是用煤炭烘烤而成，煤在燃烧时会产生大量二氧化硫等有害物质，多吃街边的烤红薯对健康不利。

红薯粥

做法：

① 红薯洗净，去皮，切小方块；大米淘洗干净。

② 红薯块与大米同入锅，加适量水，大火烧沸后改小火熬熟。

功效：

红薯粥含有丰富的膳食纤维、胡萝卜素、维生素以及钾、铁、铜、硒、钙等10余种微量元素和亚油酸等，营养价值很高。红薯中含有大量膳食纤维，能刺激肠道从而增强肠道蠕动。

主要营养素

蛋白质、维生素

准备时间 30分钟

烹饪时间 40分钟

用料

黑芝麻 30克 花生 50克

大米 50克

黑芝麻花生粥

做法：

① 大米淘洗干净，用水浸泡30分钟；黑芝麻炒香；花生洗净。

② 将大米、黑芝麻、花生一同放入锅内，加适量水用大火煮沸后，转小火再煮至大米熟透，花生烂透。如果宝宝还小，要把花生捣碎后再喂给宝宝，以免发生意外。

功效：

黑芝麻花生粥，不但营养均衡，还有润肠通便的功效。黑芝麻不易被胃肠道吸收，但是在结肠停留的时候，会在体温下缓慢释放出芝麻油，芝麻油能润滑肠道，缓解宝宝的便秘症状。

上火

中医认为，宝宝是“纯阳之体”，体质偏热，容易出现阳盛火旺，即“上火”现象。宝宝的肠胃处于发育阶段，消化等功能尚未健全，过剩营养物质难以消化，容易造成食积化热而“上火”。宝宝的饮食以清淡为主，要多吃些清火蔬菜，如白菜、芹菜、莴笋、茄子、百合、花菜等。要忌食辛辣、油腻、高热量的食物，让宝宝多吃一些水果。

主要营养素

蛋白质、脂类

准备时间 5分钟

烹饪时间 10分钟

用料

山竹 2个

西瓜瓤 200克

夏天喝了清爽的西瓜汁汁，就不那么热了！

山竹西瓜汁

做法：

① 将山竹去皮、去子；西瓜瓤去子、切成小块。

② 将山竹、西瓜块放进榨汁机榨汁即可。

功效：

山竹不仅味美，还有降火的功效。山竹含有丰富的蛋白质和脂类，对身体有很好的补养作用，对体弱、营养不良、病后都有很好的调养作用。西瓜性凉，有清暑解热的功效。因此，山竹西瓜汁非常适合上火的宝宝饮用。

小餐椅的叮咛

取新鲜西瓜皮若干，洗净后捣汁，涂抹身上5~6分钟后用温水洗净，或直接用西瓜皮轻轻擦搓10分钟，再用水冲净，每天1次。在酷暑时节坚持使用，不仅可防治痱子，预防或消除皮肤瘙痒，还可使皮肤变得光滑。

西瓜皮粥

做法：

① 将西瓜皮洗净，去掉外皮，切成丁；大米淘洗干净，浸泡30分钟。

② 大米、西瓜皮丁入锅，加适量水，大火煮开后，转小火煮成粥即可。

功效：

西瓜皮的营养价值很高，有利尿消肿、清热解暑的功效。西瓜皮原本性凉，不宜让肠胃娇弱的宝宝直接饮用生西瓜皮汁，煮制以后的西瓜皮粥性温，适合宝宝饮用，且能达到降火的目的。

主要营养素

维生素

准备时间 30分钟

烹饪时间  30分钟

用料

西瓜皮 30克 大米 30克

主要营养素

蛋白质、维生素C

准备时间 30分钟

烹饪时间 30分钟

用料

莲子 30克 干百合 30克

大米 50克

莲子百合粥

做法：

① 干百合洗净，泡发；莲子洗净，浸泡30分钟。

② 将莲子与大米放入锅内，加入适量水同煮至熟，放入百合片，煮至酥软即可。

功效：

百合有补肺、润肺、清心安神、消除疲劳和润燥止咳的作用。莲子有养心安神、健脾补肾之功效。宝宝食此粥能安定心神、降火养心。

小餐椅的叮咛

胡萝卜、萝卜不能搭配食用，因为萝卜中维生素C的含量很高，而胡萝卜中则含有一种对抗维生素C的分解酶，二者相遇，使萝卜中的维生素C损失惨重，其营养价值自然也就大打折扣。

主要营养素

维生素A、维生素C、钙

准备时间 10分钟

烹饪时间 20分钟

用料

梨 1个

萝卜 半个

萝卜梨汁

做法：

① 萝卜洗净，切成细丝；梨洗净去皮，切成薄片。

② 将萝卜丝倒入锅内烧沸，用小火烧煮10分钟，加入梨片再煮5分钟。

③ 待汤汁冷却后，捞出梨片和萝卜丝，过滤出汁液即可。

功效：

萝卜含有丰富的维生素A、维生素C、钙、磷、碳水化合物，还含有胆碱、淀粉酶等营养素。梨性寒，具有清热镇痛的功效。二者同煮为汤，给上火的宝宝饮用，会有良好的降火功效。

咳嗽

咳嗽是人体的一种保护性呼吸反射动作。无论是哪种咳嗽，都应该积极让宝宝喝水，不要等口渴了才想到喝水。咳嗽的宝宝饮食以清淡为主，多吃新鲜蔬菜，可食少量瘦肉或禽蛋类食品。切忌饮食油腻、鱼腥，水果也不可或缺，但量不必多。

主要营养素

苹果酸、柠檬酸、维生素

准备时间 3分钟

烹饪时间 30分钟

用料

梨 1个

冰糖 30克

冰糖炖梨

做法：

① 梨洗净、去皮、去核、切块。

② 锅内加水，放入梨块，大火煮开后转小火，加入冰糖炖20分钟即可。

功效：

冰糖性平，有补中益气、养阴生津、润肺止咳的功效。梨性寒，含苹果酸、柠檬酸、维生素、胡萝卜素等，具生津润燥、清热化痰之功效。咳嗽的宝宝食用冰糖炖梨不仅可以达到润肺清燥、止咳化痰的目的，还不会留下任何副作用。

妈妈今天煮的
荸荠水白白的，
喝起来也爽滑！

荸荠水

做法：

① 荸荠洗净去皮，切成薄片。

② 将荸荠片放入锅中，加适量水，煮5分钟，过滤出汁液即可。

功效：

荸荠自古就有"地下雪梨"的美誉，在南方更有"江南人参"的称呼。它有生津润肺、清热化痰，治疗肺热咳嗽的作用。同时，荸荠中所含的磷是根茎类蔬菜中最高的，能促进宝宝生长发育并维持生理功能，对宝宝牙齿骨骼的发育也有很大好处。

主要营养素

磷、蛋白质、膳食纤维

准备时间 3分钟

烹饪时间 5分钟

用料

荸荠 15个

萝卜葱白汤

主要营养素

蛋白质、碳水化合物

准备时间 5分钟

烹饪时间 20分钟

用料

萝卜 半根

葱白 1个

姜 15克

做法：

① 萝卜洗净、切丝；葱白洗净、切丝；姜洗净，切丝。

② 锅内放入3碗水先将萝卜煮熟，再放入葱白、姜丝，煮至剩1碗水即可。此汤适合7个月以上的宝宝。

功效：

萝卜葱白汤含有丰富的蛋白质、碳水化合物、膳食纤维、维生素A、胡萝卜素、硫胺素、核黄素等营养成分，不仅能有助于增强宝宝机体的免疫功能，提高抗病能力，还可以化痰清热，缓解宝宝的咳嗽症状。

小餐椅的叮咛

燕窝的鉴别：一看，真燕窝应该为丝状结构且是半透明状。二闻，真燕窝有特有馨香，但没有浓烈的气味或异味。三摸，取一小块燕窝以水浸泡，松软后取丝条拉扯，弹性差的是假货。四烧，用火点燃干燕窝片，产生任何噼啪作响的火花的是假货。

燕窝红枣粥

主要营养素

碳水化合物、活性糖蛋白

准备时间 5小时

烹饪时间 1小时

用料

大米 50克 燕窝 1盏

红枣 5颗

做法：

① 燕窝洗净，用水泡发5小时或更长，冲洗干净，沿纹理撕成条状。

② 大米淘洗干净，入锅，加适量水，大火煮开后，转小火煮成粥。

③ 加小碗水将粥搅拌均匀，煮开后放入燕窝、红枣，小火煮30分钟即可。

功效：

红枣燕窝粥含有丰富的碳水化合物、活性糖蛋白、钙、铁、磷、碘及维生素等多种天然营养素和矿物质，很容易被人体吸收，有化痰止咳的功效，特别适合咳嗽的宝宝食用。

感冒

感冒是宝宝最常见的疾病，但切不可认为是日常小病而轻率对待。感冒分为风寒感冒、风热感冒，病因不同，治疗措施也不同。

主要营养素

碳水化合物、蛋白质、维生素

准备时间 1小时

烹饪时间 30分钟

用料

陈皮 10克

姜丝 10克

大米 50克

陈皮姜粥

做法：

① 大米淘洗干净，浸泡1小时。

② 锅内放入大米、陈皮、姜丝，加水大火煮开后，转小火煲熟。

功效：

陈皮姜粥含有丰富的碳水化合物、蛋白质、维生素A、维生素C、铁、磷、钾等营养元素，能够为宝宝提供均衡的营养。生姜、陈皮都是辛温食物，能发汗解表，理肺通气，对宝宝的风寒型感冒有很好的缓解效果。

小餐椅的叮咛

风寒感冒是因受凉而引起的，秋冬季发生较多。一般表现为：怕冷、发热较轻、无汗、鼻塞、流清涕、喷嚏、咳嗽、头痛、舌苔薄白等症状。风寒感冒的宝宝，应当忌食冬瓜、西瓜、绿豆芽、芹菜、猪肉、鸡肉、银耳、百合等食物。

葱白粥

做法：

① 大米淘洗干净，浸泡1小时。

② 将大米放入锅中，加水煮粥，将熟时放入葱白，煮至熟即可。

功效：

葱白粥的主要营养成分是碳水化合物、蛋白质、维生素A原、膳食纤维以及磷、铁、镁等矿物质，是一道营养丰富的辅食，易于消化。葱白性温，适用于风寒型感冒的宝宝食用。

主要营养素

碳水化合物、蛋白质

准备时间 1小时

烹饪时间 30分钟

用料

大米 50克

葱白 2根

芥菜粥

做法：

① 芥菜洗净，切碎；豆腐切碎；大米淘洗干净，浸泡30分钟。

② 大米入锅，加适量水，煮熟。

③ 将芥菜、豆腐放入粥中，煮熟即可。

功效：

芥菜粥的营养十分丰富，含有蛋白质、碳水化合物、膳食纤维、钙、磷、铁等多种营养物质，能够为宝宝提供多种生长必需的物质。芥菜性温，味辛，具有散热润肺的功效，适合风热型感冒的宝宝食用。

主要营养素

蛋白质、碳水化合物

准备时间 30分钟

烹饪时间 40分钟

用料

芥菜 30克

大米 50克

豆腐 1小块

宝宝风热感冒的症状表现为：发热、头胀痛、咽喉肿痛、多汗、鼻塞、流浓涕、咽部红痛、咳嗽、痰黄而稠、口渴、舌质红、舌苔薄黄等。忌食热性食物，否则会助长热性，让宝宝病症更严重。

梨粥

做法：

① 梨洗净，去皮，去核，切碎；大米淘洗干净，浸泡30分钟。

② 将大米放入锅中，加入梨，熬煮成粥即可。

功效：

梨粥含有丰富的蛋白质、维生素、碳水化合物、叶酸、膳食纤维等营养成分，不但可以增进宝宝的食欲，还有散热润肺的功效，可以有效地缓解风热型感冒的症状。

主要营养素

蛋白质、维生素

准备时间 30分钟

烹饪时间 30分钟

用料

梨 2个

大米 50克

发热

宝宝发热时，新陈代谢会大大加快，其营养物质和水的消耗将大大增加。而此时消化液的分泌却大大减少，消化能力也大大减弱，胃肠的蠕动速度开始减慢。所以对于发热的宝宝，一定要给予充足的水分，补充大量的无机盐和维生素，供给适量的热能和蛋白质，一定要以流质和半流质饮食为主，提倡少食多餐。

主要营养素

碳水化合物、蛋白质、钙

准备时间 30分钟

烹饪时间 30分钟

用料

金银花 10克

大米 50克

金银花米汤

做法：

① 大米淘洗干净，浸泡30分钟；金银花洗净。

② 大米入锅，加适量水，煮20分钟后，加金银花同煮，10分钟后关火即可。

功效：

金银花米汤口感清淡，易于吸收，非常适合发热的宝宝食用。金银花性寒，既能清热解毒，还善清解血毒，且在清热之中又有轻微宣散之功，所以可用于多种病症引起的发热症状。

小餐椅的叮咛

宝宝出现发烧的症状，妈妈应该首先弄清病因，然后选择应对的措施。此时的饮食原则首先是供给充足水分，其次是补充大量维生素，然后才是供给适量的热量及蛋白质，且饮食应以流质、半流质为主。

西瓜皮芦根饮

做法：

① 芦根洗净；西瓜皮洗净，切成块。

② 芦根煮水放冰糖，晾凉；西瓜皮放入芦根水中，冷藏即可食用。

功效：

西瓜皮性凉，有利尿消肿、清热解暑的功效。芦根有清热生津、除烦、解表、止呕、利尿的功效。西瓜皮芦根饮不但可以为宝宝提供必要的营养，提高宝宝的免疫力，还能起到很好的退烧效果。

主要营养素

维生素、膳食纤维

准备时间 5分钟

烹饪时间 30分钟

用料

芦根 20克

西瓜皮 100克

冰糖 适量

主要营养素

蛋白质、膳食纤维

准备时间 10分钟

烹饪时间 10分钟

用料

西瓜瓤 200克

荸荠 10个

荸荠西瓜汁

做法:

① 先将西瓜瓤去子，切块；荸荠洗净削皮，切块。

② 将西瓜块、荸荠块放入榨汁机中，榨汁即可。

功效:

西瓜本身水分多，有清凉解渴、利尿等功能。荸荠质嫩多津，可治疗热病津伤口渴之症。荸荠西瓜汁适于缓解宝宝发热后期心烦口渴、低烧不退等症状，还可预防流感，非常适合发热期的宝宝饮用。

小餐椅的叮咛

不要宝宝一发烧就服退热药，更不应盲目相信输液退烧。一般情况下，药物退热治疗应该只用于高烧的孩子。服用的方法和剂量一定要按医生的要求去做。在体温超过38.5℃时再给孩子吃退烧药。如果孩子以往有高热惊厥史，不妨在38℃时就给孩子吃退烧药。

主要营养素

维生素、膳食纤维

准备时间 1小时

烹饪时间 5分钟

用料

西瓜皮 100克 盐 适量

白糖 适量 醋 适量

红甜椒 适量

凉拌西瓜皮

做法：

① 西瓜皮削去外面的翠衣，洗净，放容器中，加盐、白糖拌匀，腌制1小时。

② 将腌软的西瓜皮切成丁，用水略漂洗，放入碗中。

③ 将适量醋淋在西瓜皮上，可加适量红甜椒调味，拌匀即可。

功效：

凉拌西瓜皮酸甜可口，非常适合发热期身体不适的宝宝食用，可以增加宝宝的食欲，补充必要的营养元素和水分。西瓜皮性凉，有清热解暑、止渴、利尿的作用，可以显著改善宝宝的发热症状。

原来西瓜皮也这么好吃啊，西瓜用处可真大啊！

呕吐

宝宝呕吐了，如果感到不对劲，不妨带着呕吐物请医生检查一下。呕吐大部分是胃炎、肠炎引起的，家长要注意孩子大便的情况和形状，及时看医生，按照医生的医嘱来做。如果孩子呕吐情况比较轻，可给他（她）吃一些容易消化的流质食物，少量多次进食；如果孩子呕吐情况比较严重则应当暂时禁食。呕吐时让孩子取侧卧位，或者头低下，以防止呕吐物吸入气管。

主要营养素

蛋白质、维生素

准备时间 3分钟

烹饪时间 10分钟

用料

姜 20克

姜片饮

做法：

姜洗净，切片，用水煎10分钟，少量多次服用。

功效：

姜性温，其特有的"姜辣素"能刺激胃肠黏膜，使胃肠道充血，消化能力增强，能有效地治疗吃寒凉食物过多而引起的腹胀、腹痛、腹泻、呕吐等。姜不但能把多余的热带走，同时还能把体内的病菌、寒气一同带出。

小餐椅的叮咛

宝宝出现呕吐或吐奶之类的问题，爸爸妈妈不要慌，要留心宝宝发生呕吐的月龄、呕吐次数、呕吐物及腹胀等情况。情况比较严重则应当暂时禁食，并及时就医。

主要营养素

碳水化合物、蛋白质、钙

准备时间 30分钟

烹饪时间 30分钟

用料

鲜竹茹 30克

大米 50克

竹茹粥

做法：

① 大米淘洗干净，用水浸泡30分钟。

② 鲜竹茹洗净，用水煮鲜竹茹，取汁。

③ 再放入大米煮粥，少量多次服。

功效：

竹茹粥口味清淡，营养丰富，消化率和吸收率又很高，特别适合肠胃虚弱的宝宝食用。竹茹性微寒，清热化痰、除烦止呕，可以显著缓解宝宝的呕吐症状。

姜糖水

做法：

① 姜洗净、切片；陈皮洗净。

② 锅内加适量水，煮沸，下入姜片、陈皮、红糖，略煮即可。

功效：

姜是传统的治疗恶心、呕吐的中药，有"呕家圣药"之誉。宝宝喝过姜糖水后，能促使血管扩张，血液循环加快，身上的毛孔张开，从而将体内的病菌、寒气一起排出。

主要营养素

蛋白质、维生素

准备时间 3分钟

烹饪时间 20分钟

用料

姜 适量

陈皮 适量

红糖 适量

妈妈说，喝了汁汁不用吃药，我的病就会好了！好神奇的汁汁啊！

小餐椅的叮咛

宝宝发生呕吐的情况后，不要给宝宝吃任何止吐药（处方药或非处方药都不行），除非经过医生同意。绝对不要给宝宝吃含有阿司匹林的药物，包括碱式水杨酸铋。阿司匹林可能会使宝宝患瑞氏综合征，这种病虽然很少见，却会致命。

主要营养素

荸荠英、膳食纤维

准备时间 5分钟

烹饪时间 20分钟

用料

荸荠 10个

梨 1个

冰糖 适量

荸荠梨汤

做法：

① 荸荠洗净去皮；梨洗净，去皮、去核，切块。

② 将荸荠、梨块放入锅中，加适量水，煮开后捞去上面浮沫，加冰糖少许即可。

功效：

荸荠梨汤含有一种不耐热的抗菌成分——荸荠英，对金黄色葡萄球菌、大肠杆菌等有抑制作用，并能抑制流感病毒。

夜啼

宝宝夜啼主要分为生理性和病理性两大类。生理性夜啼，哭声响亮，哭闹间歇时精神状态和面色均正常，食欲良好，发育正常，无发烧等。病理性夜啼，多是由于宝宝患有某些疾病，引起不舒适或痛苦，其哭闹特点为突然啼哭，哭声剧烈、尖锐或嘶哑，呈惊恐状，四肢屈曲，抱起或喂奶仍无济于事。

主要营养素

蛋白质、钙

准备时间 3分钟

烹饪时间 30分钟

用料

竹叶卷 6克

灯芯草 3克

乳汁 100毫升

竹叶灯芯草乳

做法：

① 先煎竹叶卷、灯芯草，约取50毫升药汁，兑入乳汁。

② 每次服30~50毫升，每日2次。（适合2岁以上的宝宝食用）

功效：

竹叶卷有清热除烦、生津利尿的功效，对治热病烦渴、小儿惊厥等有良好的效果。灯芯草有清心安神、利湿养阴、清热消痰的功能，是儿科常用的药材。竹叶灯芯草乳可以定惊安神，减少宝宝夜啼。

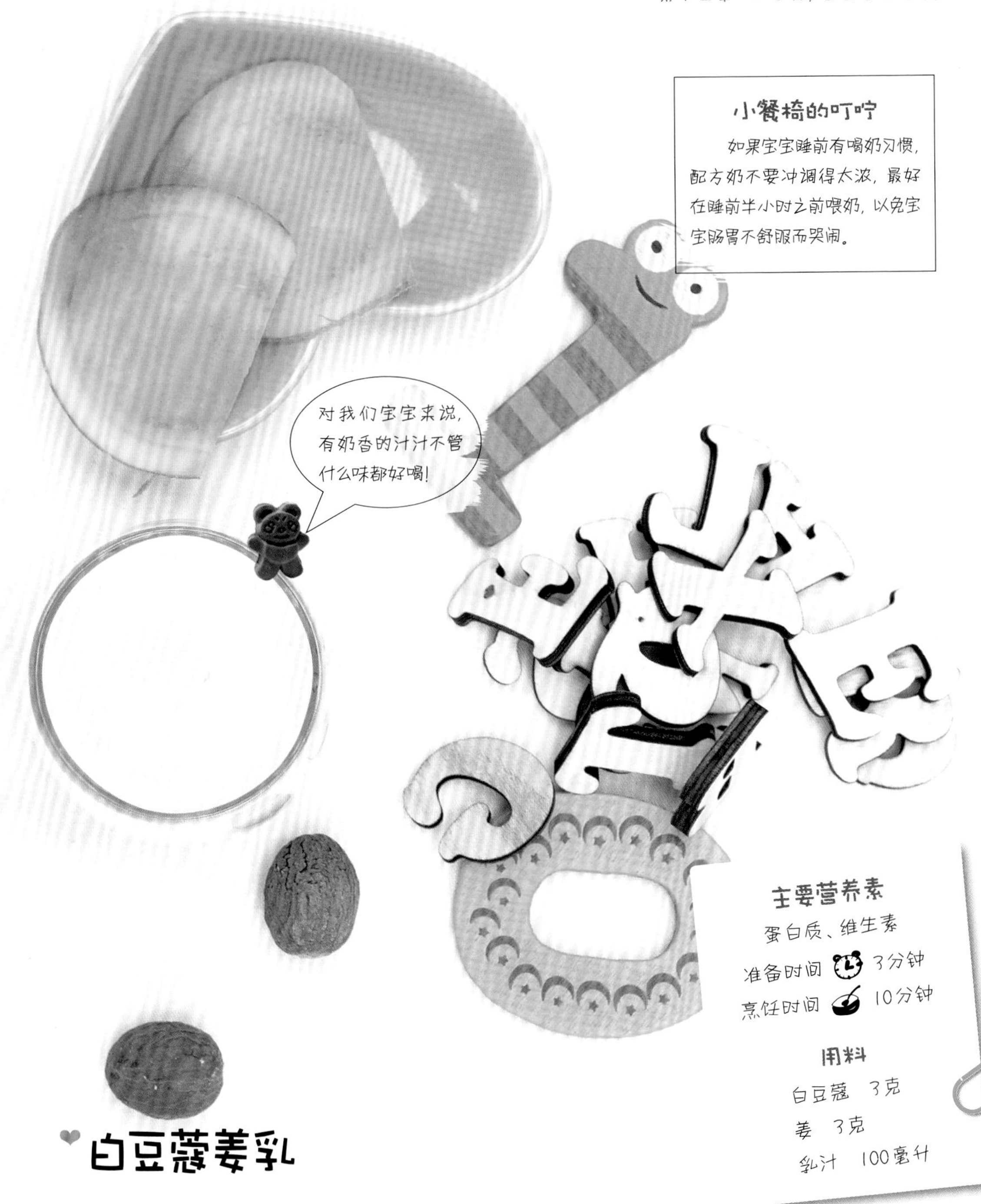

小餐椅的叮咛

如果宝宝睡前有喝奶习惯，配方奶不要冲调得太浓，最好在睡前半小时之前喂奶，以免宝宝肠胃不舒服而哭闹。

主要营养素

蛋白质、维生素

准备时间 3分钟

烹饪时间 10分钟

用料

白豆蔻 3克

姜 3克

乳汁 100毫升

白豆蔻姜乳

做法：

① 先煎白豆蔻、姜，取汁约30毫升，加入100毫升乳汁调匀。

② 每次饮20~30毫升，适用脾胃虚寒所致的夜啼。（适合2岁以上的宝宝食用）

功效：

白豆蔻有化湿和胃、行气宽中的功效，用于治疗食欲不振、胸闷恶心、胃腹胀痛等。姜性温，有散寒发汗、化痰止咳、和胃、止呕等多种功效，白豆蔻姜乳可以缓解宝宝病理性夜啼的症状。

附录：聪明宝宝是这样喂养出来的

DHA： 维持神经系统细胞生长的一种主要元素，是大脑和视网膜的重要构成成分。

ARA： 宝宝发育必需的营养素，可促进宝宝大脑发育，提高宝宝智力水平。

乳清蛋白： 维持宝宝体内抗氧化剂的水平，刺激宝宝免疫系统，是一种非常好的增强免疫力的蛋白。

亚油酸： 宝宝必需的但又不能在体内自行合成的不饱和脂肪酸，它可促进血液循环，促进新陈代谢。

α-亚麻酸： α-亚麻酸及其代谢物EPA、DHA约占人脑重量的10%，宝宝缺乏α-亚麻酸，就会严重影响其智力和视力的正常发育。

卵磷脂： 生命的基础物质，可以促进大脑神经系统与脑容积的增长、发育，有效增强记忆力。

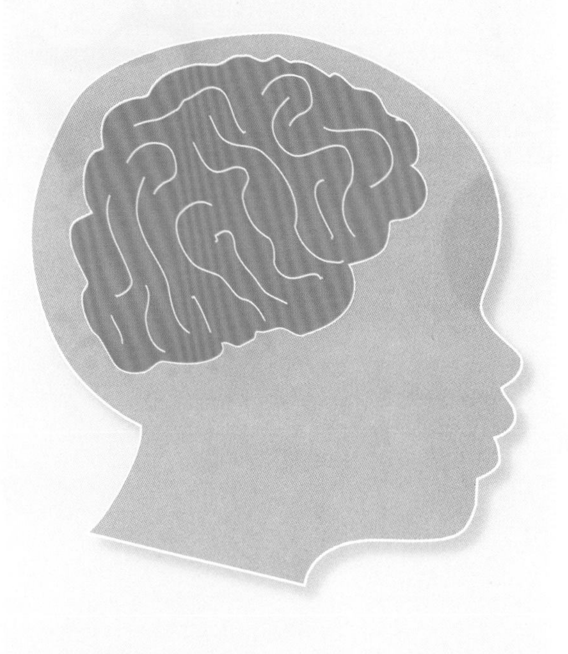

碳水化合物： 宝宝维持生命活动所需能量的主要来源，维持大脑正常功能的必需营养素。

蛋白质： 一切生命的物质基础，是机体细胞的重要组成部分。

牛磺酸： 可以提高学习记忆速度，提高学习记忆的准确性。

脂肪： 三大营养素之一，可供给能量，并可提供必需脂肪酸和脂溶性维生素。

维生素A：对视力、上皮组织及骨骼的发育和宝宝的生长都是必需的。

B族维生素：维生素B_1对神经组织和精神状态有良好的影响，维生素B_2能促进生长发育，保护眼睛和皮肤的健康，维生素B_{12}可防止贫血。

维生素D：维生素D的主要功能是调节体内钙、磷代谢，从而维持宝宝牙齿和骨骼的正常生长和发育。

叶酸：对宝宝的神经细胞与脑细胞发育，提高智力均有促进作用。

维生素C：可以促进骨胶原的生物合成，促进牙齿和骨骼的生长，提高宝宝的免疫力。

钙：形成骨骼和牙齿的主要成分，人体中钙含量的99%都在其中，它支撑着宝宝的生命。

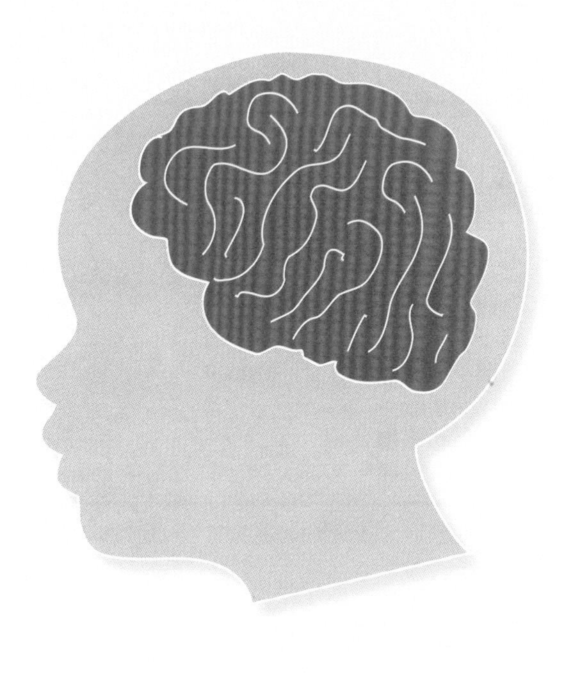

硒：可以提高红细胞的携氧能力，供给大脑更多的氧，有利于大脑的发育。

铁：合成血红蛋白的主要原料之一，血红蛋白可以输送氧到各个组织器官，并把组织代谢中产生的二氧化碳运输到肺部排出体外。

碘：合成甲状腺激素的重要原料，如果缺乏，首当其冲的则是对神经系统与智力发育的影响，导致不同程度的智力损害。

锌：在核酸代谢和蛋白质合成中起重要作用，它是促进宝宝生长发育的重要元素。

图书在版编目（CIP）数据

宝宝辅食王中王 / 汉竹主编 . -- 南京 : 江苏凤凰科学技术出版社，2014.1（2017.1 重印）
（汉竹•亲亲乐读系列）
ISBN 978-7-5537-1946-7

Ⅰ. ①宝… Ⅱ. ①汉… Ⅲ. ①婴幼儿－食谱 Ⅳ. ① TS972.162

中国版本图书馆 CIP 数据核字 (2013) 第 205505 号

中国健康生活图书实力品牌

宝宝辅食王中王

主　　编	汉　竹
责任编辑	刘玉锋　姚　远　张晓凤
特邀编辑	李　静　唐　丽
责任校对	郝慧华
责任监制	曹叶平　方　晨
出版发行	凤凰出版传媒股份有限公司 江苏凤凰科学技术出版社
出版社地址	南京市湖南路 1 号 A 楼，邮编：210009
出版社网址	http://www.pspress.cn
经　　销	凤凰出版传媒股份有限公司
印　　刷	南京精艺印刷有限公司
开　　本	720 mm × 1000 mm　1/16
印　　张	19
插　　页	4
字　　数	90 000
版　　次	2014 年 1 月第 1 版
印　　次	2017 年 1 月第 14 次印刷
标准书号	ISBN 978-7-5537-1946-7
定　　价	49.80 元

图书如有印装质量问题，可向我社出版科调换。

宝宝辅食

王中王